脱原発で地元経済は破綻しない

朴 勝俊
パクスンジュン
関西学院大学准教授

高文研

プロローグ

　2012年5月26日、わたしは自動車に乗せられて福井県・おおい町に向かっていました。現地での「もうひとつの住民説明会」でお話をするためです。「もうひとつ」というのは、前の月に、政府が大飯原発の再稼働を進めるために「安全性は確認されています」という説明会を開いたのに対して、別の立場から現地の方々と一緒に考える会、という意味です。

　この本で「原発地元」というのは、原発や核燃料施設が立地している市町村（立地市町村）と、それに隣接する市町村（隣接市町村）、そして立地市町村を含む道・県のことを指しています。核燃料サイクル施設の立地する青森県六ヶ所村とその周辺も、本書では原発地元と呼びます。周知のとおり「都」（東京都）と「府」（大阪府・京都府）には原発はありません。

　2011年の3月11日、東日本大震災に伴って福島第一原発事故が発生しました。この事故で、日本の原発は「想定外の事態」に見舞われると大事故につながることが明らかとなったのです。しかし、各地で余震が続くなか、直接に震災のダメージを受けた原発と菅直人首相（当時）が停止を要請した浜岡原発以外は、2011年のあいだ何事も無かったかのように運転を続け、定期検査を迎えて順次停止していきました。

　2012年の5月5日にはついに全国すべての原発が止まりました。しかし電力不足や停電は起こりませんでした。それでも夏の電力ピーク時には停電が起こるおそれがあるとして、野田佳彦首相（当時）が「国民の生活を守るため」と言って再稼働を政治判断したため、全国各地で頻繁に大規模な反原発デモが繰り広げられることになったのです。

　そんな中で「もうひとつの住民説明会」は、おおい町の人々と再稼働の問題を話し合うという主旨で、京都・大阪の市民たちの主催で開かれました。木田節子さんら5人の福島の女性が、事故後の福島でつらく苦しい日常が続いていること、このような原発事故が二度と起こって欲しくないことをお話されました。そして元・京大原子炉実験所助教の小林圭二さんは大飯原発

の安全性が確保されているとは決して言えないことを論じられました。最後にわたしが、原発地元の経済を脱原発後も成り立たせていくための考え方を提案させていただきました。

　不幸な福島事故のあと、原発の危険性やコスト、電力自由化の必要性、「原子力ムラ」の弊害などに関してこれまでにないほど報道の量が増え、全国で多くの人々が考え、行動するようになっています。そしていったんは政府レベルでも、脱原発のためのエネルギー政策が真剣に議論され、2012年9月に「革新的エネルギー・環境戦略」と銘打って取りまとめられました。残念ながら、この戦略が公式の政策として実施に移されることはありませんでした。その後の衆議院選挙で自民党が勝ったということも一つの理由ですが、その前に、日本経団連の会長をはじめとする、原発を維持したい立場の人々が民主党の前政権に対して猛烈に反対の陳情を行ったためです。そして、原発や核燃料施設を抱える全国の原発地元も脱原発政策が実現しないよう、強力な発言力を発揮していました。

　原発のない地域の読者の方々は、もし事故が起こったら真っ先に被害を受けるはずの原発地元の人々が、どうしてもっと反原発の声を挙げないのかと不思議に思われるかもしれません。しかしこれは、原発地元の読者の方々には何の不思議もないことでしょう。本書で順を追って説明していくように、原発が建ってしまった地域では、原発に依存する財政と経済のしくみができあがっており、そこから簡単に抜け出すことはできません。実際には住民の方々の多くは原発の危険性を認識しています。また、原発が必ずしも持続可能な地域振興に役立たないことも理解しています。しかし、原発にかわる産業や雇用の場について明確な代案が見いだせない限りは、原発にノーの声を上げることは難しいのです。

　私がおおい町でお話した内容によって、「明確な代案」を提示できたというつもりは毛頭ありません。でも、地元の方々には、これまでにあまり聞いたことのなかった新しいお話だというご感想をいただきました。私の講演はインターネットの動画で配信され、これをご覧になった北海道・泊原発の隣接町である岩内町の町議・佐藤英行さんたちが、私を北海道に招いて講演の機会を与えてくださいました。そして、こうした講演をごらんになった高文

プロローグ

研の真鍋かおるさんから今回の出版のご依頼を頂戴したものです。私は原発地元出身の研究者ではなく詳しい事情を知るわけでもないので、万全な本が書けるものかと躊躇しておりましたが、このような時期ですから、たとえ不十分な内容であっても少しは意義があるのではとお引き受けいたしました。

日本という国が、原発なしでも成り立つ国にするためには、原発地元が原発なしでもやっていける未来図が提示されなければなりません。それもできるかぎり明るく希望ある未来図でなければなりません。問題はあまりに大きく、そのような未来図は私ひとりの力では到底描けるものではありません。その絵筆をとるのはきっと、原発の問題について考え行動を始めた全国の方々、原発地元で様々な産業に携わる方々、原子力関係の方々、大学、高校、中学校、小学校で勉強している人たち、そして、まだ学校にも通っていない小さな子どもたちでしょう。

本書がそうした方々にとって、少しでも考え始めるヒントになればと願っています。

＊──目次

プロローグ　1

I　なぜ原発地元は脱原発の声を上げられないのか
＊全国で相次いだ脱原発デモ　9
＊「被害地元」の反対　10
＊再稼働を容認する地元首長　11
＊福島事故後の原発地元の選挙　14
＊福井県おおい町の人々の「心配」　16
＊消費地に責任はないのか　18
＊立地地域と原発を阻止した地域は紙一重　20
＊地元は原発・核燃料施設との共存を望んでいるのか　22

II　原発地元はどれだけ「原発の恩恵」に依存しているのか
＊経済的な恩恵とは　27
＊原発からの歳入　27
＊原発と固定資産税　32
＊地方交付税交付金で取り戻そう　34
＊固定資産税以外の原発関連収入　36
＊電源三法交付金とは　38
＊電源三法交付金の危険な仕組み　40
＊原発が動かなくても得られる税収　42
＊産業と雇用の問題　43

III　欧州諸国の原発地元に「原発閉鎖」は何をもたらしたか
＊ドイツの脱原発政策　49
＊ドイツ・グリーンピースの「チャンスとしての脱原発」　51
＊原発地元はどうするか　53

- ＊原発解体による雇用　55
- ＊シュターデ原発の地元の雇用見通し　57
- ＊ビブリス原発の地元の雇用見通し　58
- ＊イザール原発の地元の雇用見通し　60
- ＊ドイツにおける脱原発地元の現状　60
- ＊フランス──高速増殖炉を閉鎖した村の現在　63
- ＊スペイン──収入の３割を原発関連に頼っていた村の未来　65

Ⅳ　日本における原発地元の活路
- ＊新たな雇用が生まれる分野　69
- ＊廃止措置　70
- ＊原発解体の是非　72
- ＊天然ガス火力発電　73
- ＊再生可能エネルギーの可能性　77
- ＊再生可能エネルギー特別措置法　78
- ＊福島県再生可能エネルギー推進ビジョン　81
- ＊泊村の気概　86
- ＊美浜町「どんぐり倶楽部」の提案　87
- ＊地元を置き去りにした脱原発はありえない　90
- ＊自民党政権のエネルギー政策に待ったを　91

おわりに　92

装丁＝商業デザインセンター・増田絵里

I

なぜ原発地元は脱原発の声を上げられないのか

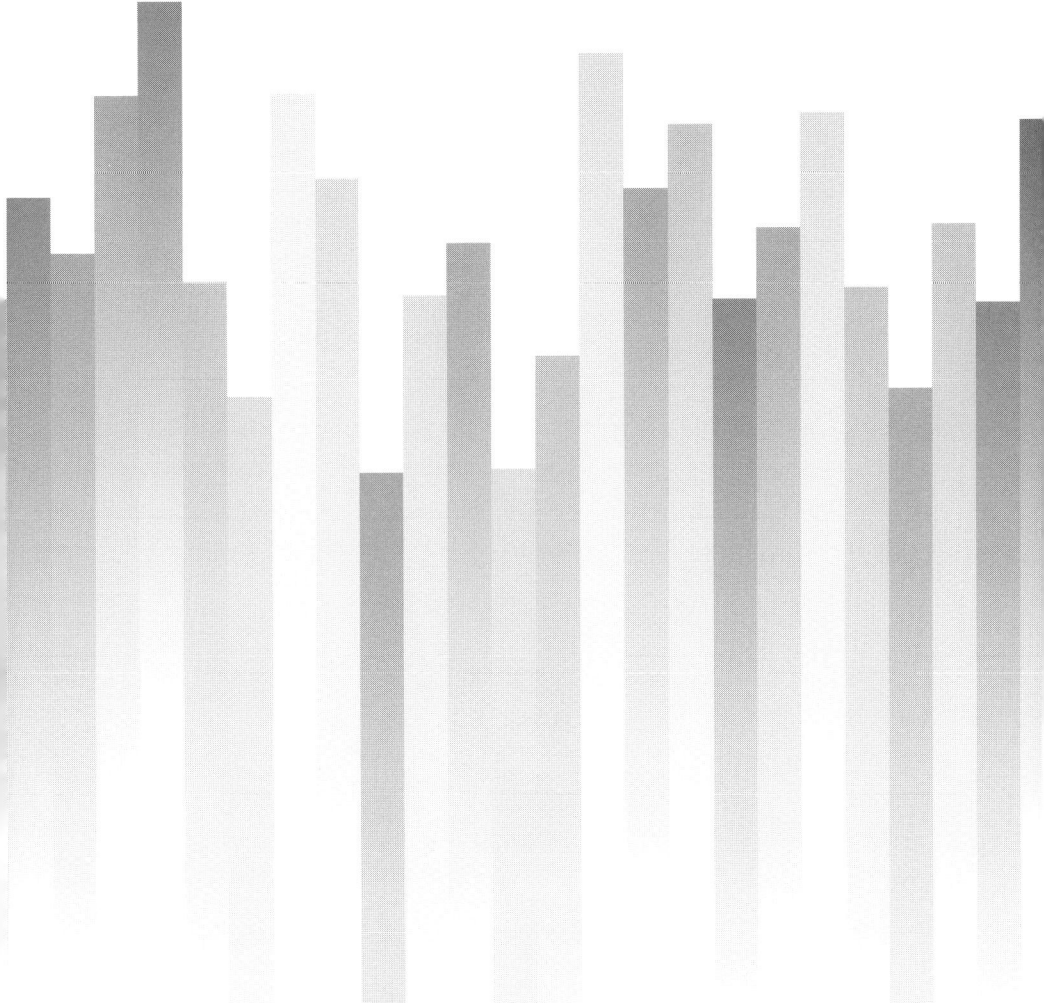

I　なぜ原発地元は脱原発の声を上げられないのか

全国で相次いだ脱原発デモ

　東日本大震災に伴う福島第一原発事故によって、およそ16万人もの人々が住む場所を追われ、2年が過ぎた今でもほとんどの方が戻れずにいます。これによって、「絶対に事故は起きない」と教えられていた他の原発地元の人々の多くも、「話が違う」ことに気づいたことでしょう。

　この事故が起こった直後しばらくの間は、人々にとってショックがあまりに大きかったのか、原発に対する抗議行動はあまり見られませんでした。記録によると最初のデモは2011年3月20日に東京で始まったそうですが、本格的に各地でデモが起こるのは5月頃からで、6月11日の「百万人アクション」で最初のピークに達しました（朝日新聞によれば全国で7万9千人が参加）。はじめのうち、マスコミは中国での反日デモについては報じても、国内では近年まれに見る数千人、数万人規模のデモについては沈黙していました。原発にマイナスになる報道は自粛するというこれまでの慣行に縛られていたためです。しかし人々の声が無視できないようになると、報道量が増え、原子力安全規制の欠陥や「原子力ムラ」の政治的影響力などの問題が次々と報じられるようになりました。

　2011年秋には、首相を辞任した菅直人氏が、最悪の場合には首都圏から3000万人が避難するはるかに大きな事故につながる、そのような試算が事故直後に政府内で検討されていたことを明らかにしました。職を引き継いだ野田佳彦首相（当時）の政府では「コスト等検証委員会」の報告書で、原発は大事故や核廃棄物のコストを考慮すれば経済的とは言えないことも明らかにされました。こうして、エネルギー政策の見直しが進められました。日本中の原発が次々と定期点検で停止し、2012年の5月5日に全国すべての原発が止まりました。しかし、時間の振り子の振幅は大きく、翌月8日には野田首相が大飯原発を再稼働すべきだと表明しました。

　大飯原発には敷地内に活断層がある可能性が高く(※1)、事故時に原子炉格納容器の圧力を抜く「ベント」のための放射能フィルターがなく、耐震性の強

1　2012年12月の大飯原発現地での調査後、原子力規制委員会の5人の専門家のうち2人が活断層と断定しています。

い「免震重要棟」もありません。免震重要棟とは、福島事故のときに敷地内でただ一つ、地震と津波による破壊を免れて作業拠点となった施設です。この施設が壊れていたら事故対策の作業が一切できず、福島第二原発を巻き込むような、はるかに大きな惨事に繋がっていたと見られます。実は、福島第一原発でこの建物が完成したのは事故の前年の６月です。2007年の新潟での地震が柏崎刈羽原発を襲った教訓を踏まえて急遽作られ、ぎりぎり間に合ったものでした。そのような建物さえ大飯原発にはないのです。安全性が確認されているとは決して言えません。

　再稼働に反対して、東京では官邸前で10万人を超える規模の大きなデモが続きました。６月末には大飯原発の入口でも、雨の中、若者や子どもを連れたお母さんたちなど、多くの人々が集まりました。厚い壁のように立ちはだかる警察官たちを前にして最後は座り込みを行いましたが、警官たちによって排除されてしまいました。このことはドイツ国営放送のニュースや国内のいくつかのニュースでも報道されました。

　現地の人々の中でこのように顔を出して声を挙げることのできる人は少ないので、デモ参加者の多くは全国各地から駆けつけた人々でした。また、福島事故が起こってから現在まで、福島県内を含む各地の原発地元においてもデモが行われて来ましたが、東京や大阪、京都などと比べても、大勢の参加者を集めることが難しいようです。

「被害地元」の反対

　原発の再稼働に対して反対の声を挙げたのは原発地元（立地自治体、隣接自治体）よりも、周辺の自治体の首長たちです。関西では滋賀県の嘉田由紀子知事や、大阪市の橋下徹市長、京都府の山田啓二知事などが異議を唱えました。大阪では大阪府市エネルギー戦略会議が設置され、関西電力の発電容量を徹底検証し、再稼働の必要性が本当にあるのかどうかについて厳しい追及が行われました。彼らは関西広域連合の場で再稼働に反対する声を集約しようとしていましたが、結局のところ彼らには再稼働を決める権限はなく、「容認」することを余儀なくされました。そして、大飯原発３・４号が2012年７月１日の再稼動いらい電力の一部を供給してきました

が、節電が進んだのでこの2基が動いていなくても夏の電気は足りたという指摘もあります(※2)。

こうした動きの中、嘉田知事は滋賀県を「被害地元」であると言いましたが、大きな事故を経験した後となっては適切な表現だと思います。福島事故では北西方向50kmを超えて、避難が奨められるほどの汚染が見られます。今後、大きな原発事故が起こった時にどれほど遠くまで放射能が飛ぶかがわかりませんので、被害地元の範囲を画定することはできません。チェルノブイリ事故の「被害地元」であるベラルーシ共和国では、原発から300km程度離れた地域にも高濃度の汚染地域があります。

福島事故後、原発事故に備えた防災対策をとるべき地域が、防災対策重点地域（EPZ、半径10km）から緊急時防護措置準備区域（UPZ、30km）に拡大されました(※3)。この範囲で十分かという問題はありますが、これまでよりはるかに多くの周辺自治体で、事故に備えた対策を立てる必要に迫られています。

再稼働を容認する地元首長

日本では、原発を再稼働する際に立地自治体の同意をとる慣行になっています(※4)。ですから、自治体の民意が再稼働反対で、首長がその民意を代表していれば、再稼働は困難です。これに関して、「脱原発をめざす首長会議」に世話人として参加しておられる村上達也・茨城県東海村村長のように、再稼動を認めない姿勢を明確に示した方もおられますが、多くの自治体の首長は時間が経つにつれて再稼働を認める傾向にあります。福島事故のあと特に焦点になったのは3カ所の原発の地元です（表1）。

福島事故の後に初めて稼働した原発は北海道の泊原発3号で、2011年8月に髙橋はるみ知事がいち早く稼働を容認しました。これは震災前の3月

---

2 再稼働が無くても電力は足りていたとする関西広域連合の検証結果が10月1日に発表されました（朝日新聞デジタル2012年10月1日）。
3 その中でも半径5km以内は予防護措置準備区域（PAZ）とされ、事故が起きた際には住民は直ちに避難することとなります。
4 2012年4月5日に藤村修官房長官（当時）が「法律などの枠組みで同意が義務づけられているわけではない」と述べたように、地元自治体の同意をとることに法的根拠はありません（日本経済新聞web刊2012年4月5日）。

表1　主な原発地元の再稼働に対する姿勢

原　発	県	市町村
玄海原発2・3号 (2012年夏、再稼動に至らず)	古川康・佐賀県知事（容認）	岸本英雄・玄海町長（同意）
泊原発3号 (2012年8月運転再開)	髙橋はるみ・北海道知事（容認）	牧野浩臣・泊村長（容認）
大飯原発3・4号 (2012年夏運転再開)	西川一誠・福井県知事（同意）	時岡忍・おおい町長（同意）

出典：新聞各社の記事を参考に筆者作成。容認・同意の別は記事の表現による。

7日に原子炉を機動し、以前から調整運転（フル出力）を続けてきましたが、8月18日からようやく「正式な営業運転」に入ったということです（2012年5月5日まで稼働）。

また、海江田万里・経済産業大臣（当時）が玄海原発の再稼働のため佐賀県に「安全性」の説明をすべく訪れたのは、2011年6月末の事でした。このあと政府が改めて安全性評価（ストレステスト）の実施を打ち出したことや、一連の「やらせ」問題が発覚するなどによって、玄海原発の再稼働が見送られたのは記憶に新しいところです。

大飯原発については2012年4月26日に、柳沢光美・経済産業副大臣（当時）が「再稼動の必要性」の説明をすべく住民説明会を開きました。6月17日には野田佳彦首相（当時）が西川一誠・福井県知事と会見、知事は8項目の要求を提示するとともに、「電力消費地の関西のみなさまの生活と産業の安定のため、（再稼働に）同意する」として再稼動への同意を伝えました。

5　九州電力職員が関連会社等にあてて、伊方原発再稼動に関する国の説明番組（2011年6月26日）に対し「発電再開容認の一国民の立場から」、「ご自宅等のPCから」賛成意見をメールで送るよう指示したことが発覚した（AERA 2011年7月18日号）。また以前から電力会社や経産省主催のシンポジウムなどでも電力・原子力関連会社の従業員を動員する「やらせ」が常態化していたことが発覚した（大島堅一『原発のコスト』〈岩波新書、2011年〉参照）。

6　福井県知事が野田首相らに求めた8項目は、(1) 再稼働への国民の理解を促進すること、(2) 原子力の安全性向上と人材育成、(3) 原子力に依存せざるを得ない状況を踏まえ、エネルギー政策を現実的に議論すること、(4) 原発の長期停止などで地元産業に与える影響に配慮、支援すること、(5) 使用済み核燃料の中間貯蔵対策の強化、(6) 原発立地地域と政府・国との連携を強化、(7) 日本海側の地震、津波評価を進めること、(8) 福井県議会、県原子力安全専門委員会の要望（原発の運転期間に統一的なルールをつくる、原子力防災計画の早期見直し、シビアアクシデント対策、立地地域の緊急経済雇用対策など）を実現すること、です（朝日新聞大阪版2012年6月17日）。

Ⅰ　なぜ原発地元は脱原発の声を上げられないのか

　その頃は、首相や大臣が説明に来て地元首長が同意する、というセレモニーが見られましたが、最近では地元首長が積極的に原発推進を求めて政府に働きかけていました。2012年夏に国民的議論を経てつくられた、2030年代に原発ゼロとすることを目指す「革新的エネルギー・環境戦略」を覆すためでした。

　福井県の西川知事は、2013年1月、発足したばかりの自民党政権の閣僚を訪問し、茂木敏充・経済産業大臣に対して「2030年代に原発ゼロとは観念的だ。現実に即した議論をして国民に信頼されるエネルギー政策を進めてほしい」と述べ、野田内閣のエネルギー政策の見直しを要請しました。下村博文・文部科学大臣との会談では、原子力規制委員会が関西電力大飯原発（福井県おおい町）などで進める活断層調査について、「活断層というのは学問的に未熟だ。学問としてしっかり監督してほしい」と、大飯原発に危険性は無いものとして今後も運転できるよう要望しています。[※7]

　安全性・経済性・技術的可能性のあらゆる面から疑問視される核燃料サイクル政策（プルトニウム利用政策）についても、原発依存度を下げることになれば不要になるため、2012年の夏に政府内で本格的な見直しが進められていました。しかし、地元からの強力な働きかけで従来の政策が維持されることになったのです。高速増殖炉もんじゅの立地する敦賀市は研究開発の継続を、青森県は再処理工場など核燃料サイクル施設の維持を強く求めました。その結果、民主党もただちに核燃料サイクル政策見直しの先送りを決め、政権交代後は茂木経産相が三村申吾・青森県知事との会談で政策の継続を明確に伝えるに至ったのです。

　原発や核燃料サイクルをやめると言うなら「使用済み核燃料をよそに持って行って欲しい」という一言が地元首長たちの「切り札」であり、これを言われると中央の政治家は何も言えなくなるようです。しかし、これによって核廃棄物の問題を先送りしても、原発を動かせば核のゴミがたまっていくだけで、地元にとっても解決にはつながらないのではないでしょうか。また、活断層があると指摘される原発や再処理工場の運転をすすんで求める地元首

7　朝日新聞大阪版2013年1月9日参照。

表2　福島事故後の知事選結果

2011年4月10日	福井県知事選、原発推進の現職・西川一誠氏が勝利
2011年4月10日	島根県知事選、原発推進の現職・溝口善兵衛氏が勝利
2011年4月10日	佐賀県知事選、原発推進の現職・古川康氏が勝利
2011年4月11日	北海道知事選、元通産官僚の現職・高橋はるみ氏が勝利
2011年6月5日	青森県知事選、原発・核燃推進の現職・三村申吾氏が大差で当選
2012年7月8日	鹿児島県知事選、現職の伊藤祐一朗氏が脱原発を訴えた向原祥隆氏に勝利
2012年7月30日	山口県知事選、自民・公明推薦の山本繁太郎氏が脱原発の飯田哲也氏に勝利
2012年10月21日	新潟県知事選、原発推進の現職の泉田裕彦氏が3選

出典：新聞各紙に基づき筆者調べ

長でさえ、使用済み核燃料や高レベル放射性廃棄物をよそに持って行って欲しいと言うからには、その運び先とされる「よそ」の人々にとってもこれらがいかに厄介な代物なのかが明らかでしょう。

　その一方で、首長も地元議員も「安全性については国が責任もって確認を」と口をそろえます。たしかに安全規制の権限は経済産業大臣にあり、地元首長には事業者と結ぶ原子力安全協定に基づく「事前了解」が求められるだけです。とはいうものの、報道を見ている限りは地元首長たちに、万が一の事故の時には「被害者」でいたいという気持ちがあるような印象を受けます。私は立地自治体の首長が安全規制の権限を持った方が、各自治体の住民を最優先する判断につながり、好ましいのではないかと考えています。ちなみに、ドイツでは安全規制を行う権限は地元政府（州政府）にあります。

福島事故後の原発地元の選挙

　地元首長が原発の推進や再稼動を求める彼らなりの理由があるとしても、地元の人々の支持が無ければ選挙で敗れる可能性があります。では、福島事故の後に行われた首長選挙の結果はどうだったのでしょうか。

　実は、表2に示すように、これまでに行われた県・道知事選挙ではいずれも、原発を推進あるいは容認する知事が勝利しています。脱原発を訴える候補が登場し、原発問題がはっきりと争点になったのは2012年7月の鹿児島県と山口県の知事選ですが、ここでも脱原発を訴える候補は敗れました。地元市町村の選挙も各地で行われました。中には脱原発を訴える候補が出馬して原発の是非が争点となったものもありますが、事情の異なる福島県内と、

表3　福島原発事故後の市町村長選結果

2011年4月22日	福井県高浜町、現職の野瀬豊氏が無投票再選
2011年4月24日	福井県敦賀市、推進の河瀬一治氏が5選
2011年7月10日	青森県むつ市、容認の無所属・宮下順一郎氏が勝利
2011年9月25日	山口県上関市、建設推進の現職・柏原重海氏が勝利
2011年11月13日	宮城県女川町、自民党新人・須田義明氏が無投票当選
2011年11月21日	福島県大熊町、現職の渡辺利綱氏が再選
2012年1月15日	北海道泊村、現職・牧野浩臣氏が無投票再選
2012年4月15日	福島県楢葉町、無所属新人の松本幸英氏が当選
2012年4月15日	静岡県御前崎市、現職の石原茂雄氏が当選
2012年10月18日	新潟県柏崎市、再稼動に慎重な姿勢を示した現・会田洋氏が3選
2012年10月18日	新潟県刈羽村、原発との共生を掲げる品田宏夫氏が4選
2012年10月28日	鹿児島県薩摩川内市、再稼動を求める岩切秀雄氏が再選
2012年12月23日	青森県大間町、推進の現職・金澤満春氏が無投票再選

出典：新聞各紙に基づき筆者調べ

再稼動に慎重な姿勢を示した現職市長が再選した柏崎市の場合を除いては、いずれも原発を推進ないしは容認する候補が勝利しました（表3）。柏崎市の会田洋市長も再稼働については「国の責任において判断し、市民に説明すべきだ」と述べていることから、筆者には容認と変わらないように見えます。

　原発のない地域の人々は疑問に思うかもしれません。原発事故が起きた時に、真っ先に被害を受けるのは、原発地元の人たちです。どうして彼らはデモなどで声を挙げないのでしょうか？　なぜ安全神話が崩壊したのに、地元の政治家は再稼動を求め、選挙では推進派の候補が勝利するのでしょうか。彼らは原発が危険だと思っていないのでしょうか？

　しかしそれには十分な理由があります。

　第一に、選挙で問われるのは原発の是非だけではありません。経済や雇用など、様々な政治的課題が同時に問われるにもかかわらず、有権者は数少ない候補者の中から一人を選ばなければならないのです。ですから、選挙の結果選ばれた首長の政策が、全ての項目について多数の候補者の賛成を得ているとは限りません。この点は、原発を推進してきた自民党が勝利した2012年末の選挙についても言えることでしょう。

　第二に、原発地元の人々の多くが、なんらかの形で経済的に原発に関係しており、原発に直接関係していない人や、まして原発に反対の立場の人にとっても人間関係のしがらみがあります。この点で、原発地元以外の場所で

表4 【大飯原発3・4号の再稼働について心配していることは何ですか。 3つまで選んで下さい】(2012年4月21・22日実施)

項　目	男	女	計
①雇用（仕事）が心配	46	61	107
②福島原発事故のようにならないか心配	51	93	144
③子や孫の将来が心配	29	90	119
④電力不足が心配	23	36	59
⑤地震（3つの活断層が連動）で大事故にならないか心配	19	34	53
⑥事故になったとき、避難できるか心配	34	62	96
⑦再稼働しないと町の将来が心配	21	26	47
⑧観光や風評被害が心配	2	10	12
⑨福島原発事故の原因究明がまだで心配	26	37	63
⑩4閣僚の判断基準で安全なのか心配	28	19	47
⑪地域や日本の経済が心配	13	22	35
⑫安全対策が数年先になっているのが心配	18	29	47
⑬再稼働すると町の将来が心配	5	10	15
⑭その他	11	22	33

アンケート回答者数：男性144名、女性204名、合計348名
実施主体：プルサーマルを心配するふつうの若狭の民の会、原子力発電に反対する福井県民会議、
　　　　　グリーン・アクション、美浜・大飯・高浜原発に反対する大阪の会（美浜の会）
出典：反原発運動全国連絡会編『脱原発、年輪は冴えていま』七つ森書館、p.197 から引用

脱原発を求める人々とは考え方が違ってくるのです。

福井県おおい町の人々の「心配」

　その地元の一例として、福井県おおい町の例を挙げましょう。2012年6月末の、大飯原発の再稼働に抗議する現地行動でも、地元の人々はほとんど参加せず、参加者のほとんどが京都や大阪をはじめとする全国の市民でした。地元ではたとえ反対の意見を持っていても、デモや抗議行動に参加して意見を表明するのは難しいのです。

　他方、全国から参加した市民は、その日だけ現地に来て抗議をしていたというわけでは決してありません。福井や京都、大阪などの市民団体は何カ月も前から何度も現地を訪れ、おおい町の人々と対話をしていました。表4はある市民団体がおおい町で2012年3月に行った意識調査の結果ですが、福島事故後の現地調査としてたいへんに貴重なものです（表4）。

　質問は、「再稼働について不安に思うこと」を14項目あげ、3項目を選ぶというものです。ごらんのとおり、男女合計の回答数上位4つの中に「福

島原発事故のようにならないか心配」、「子や孫の将来が心配」、「事故になったとき、避難できるか心配」、というのが上がっています。つまり、原発の危険性はもう十分に理解されていることがわかります。

でも、「雇用（仕事）が心配」というのも第3位なのです。

原発のない地域に住み、原発に直接関係のない仕事についている人たち（筆者もその一人です）は、危険だからすぐにやめるべきだというような意見を簡単に表明できます。それはそれでとても重要なことです。しかし、原発関係で雇用されている人たちやその家族、またそういう人たちをお得意さんにする食堂や民宿などの商売をしている人たちにとっては決してそう簡単な話ではありません。また原発地元では、たとえ原発と無関係な仕事に就いていても、お隣や親戚が原発関係の仕事をしているなど、人間的な繋がりも多いのです。

筆者たちがおおい町の方々と接したところでは、民宿の人たちも、あるいは現地で脱原発の活動をしていきた人でさえも、このまま再稼働できずに原発がなくなっていけば「私たちは干上がってしまう」と言っておられました。一方で、「私は原発賛成派だが今の状況での再稼働には反対だ」という人もおられました。ただし、そういう人たちは私たちが「よそ者」だから本音を話してくれたのであって、地元では原発に異議を唱えることは本当に難しいのです。

筆者が地元の人たちの本当の気持ちを理解できているというようなおこがましいことはいえませんが、私がもし地元で原発関係の仕事をしていたら、次のように考えると思います。「原発は危険だということはよくわかった。地元でも運悪く事故が起こるかもしれない。でも、このまま事故が起こらない可能性も高い。しかし原発が無くなったら仕事と収入は確実に無くなってしまう……。都会の人間は簡単に脱原発とか再稼動反対とか言っているが、自分たちのことしか考えていないのではないか」。

もしそんな風に考えている人々が多いとしたら、全国で脱原発・再稼動反対の声を挙げている市民と、原発地元の人々の間に深い溝ができてしまいます。そして、当面の生活を「保障」してくれるものとして、地元の人々は電力会社や政府を支持することになるでしょう。そして、その民意を代表する

地元の政治家たちは、もし中央政府が脱原発を決めたとしても、力の限り異議申し立てをせざるを得ません。場合によっては、地元で原発に反対している人々と、脱原発を求める他地域の人々の間にも、心の壁が生まれる可能性があります。

　美浜原発のある福井県の美浜町で 1980 年代から原発反対運動を続けてきた松下照幸さんは、原発のない社会へのソフトランディングのための提案を発表されました[※8]。その中に、次のようなくだりがあります。「私は、美浜町で長い間原子力発電所を批判してきた者として、都市部の人たちの運動とのギャップを常に感じてきました。都市部の多くの人たちは、『危険な原発は止めればよい』という思いなのでしょうが、私にはそうはいきません。原子力発電所で働いている人たちの生活があります。自治体の財政問題もあります。それらを解決しようとせずにただ『止めればよい』と言うのであれば、私は都市部の人たちに反旗を翻さざるを得ません」。私はこの言葉を重く受け止めています。

　脱原発を求める全国の市民は、地元の人々から、本当に自分たちのことを考えてくれている、という信頼を獲得すべきです。そのためには、地元の人々の立場を理解し、地元経済の未来について一緒に考えることが必要だと思います。

消費地に責任はないのか

　日本の原発は地方に設置され、電気は長大な送電線を通って消費地に送られています。消費地の人々は、すすんで再稼働を求め、脱原発政策に異議を申し立てる原発地元の政治家を批判するだけでよいのでしょうか。

　そもそも日本の政府や電力会社は 1960 年代から原発が危険だということを認識していて、原子力委員会は 1964 年に原子炉立地審査指針というものを定めました。そこには「万が一の事故に備えて、（中略）原子炉の周囲は、原子炉からある距離の範囲内は非居住区域であること、（中略）原子炉から

8　松下照幸「政策提案プロセスと美浜町の〈合意形成〉に関する提案—美浜町を自然エネルギーであふれる町に！—」（森と暮らすどんぐり倶楽部、2012 年 9 月 23 日、http://www1.kl.mmnet-ai.ne.jp/~donguri-club/seisakuteian/donguri-club.pdf）

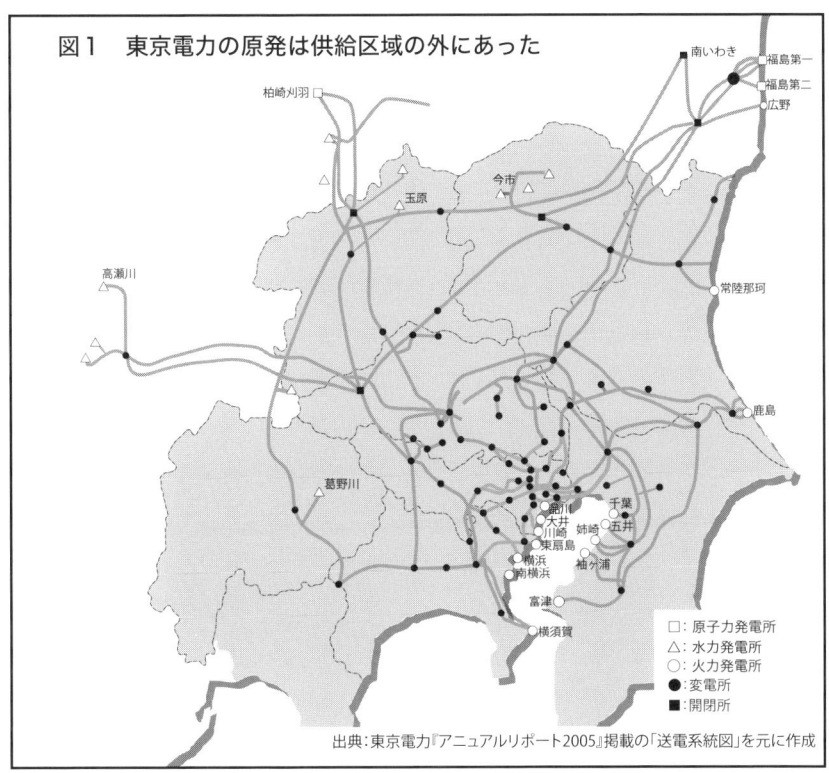

図1 東京電力の原発は供給区域の外にあった

出典:東京電力『アニュアルリポート2005』掲載の「送電系統図」を元に作成

ある距離の範囲内であって、非居住区域の外側の地帯は、低人口地帯であること。(中略)原子炉敷地は、人口密集地帯からある距離だけ離れていること」とはっきりと銘記されています。つまり、原発は事故が起こる危険性があるので、人口の少ないところに建てなければならない、ということが、政府公式のルールになっているのです。

実際のところ東京電力は、東京湾にはたくさんの火力発電所を持っていますが、原発だけは福島や新潟に建てました。ここは東京電力の供給区域ではなく、東北電力や北陸電力の領域です(図1)。福島第一・第二原発の電気は福島の人が消費するものではなく、東京電力の管内にそのまま送られていたのです。

関東地方で消費された電気の料金は東京にある東京電力本社の収入となります。ですから福島や新潟の原発で発電された電気が原発地元に電力収入をもたらすわけではないのです。原発はもともと地元にとって、危険が大きい割には経済的なメリットはあまりない施設です。このことを最も明確に述べ

ているのが、第Ⅱ章で説明する電源三法交付金制度が作られたころに、資源エネルギー庁の委託で作られたパンフレットです（日本立地センター「原子力みんなの質問箱」）。そこにははっきりと、「原子力発電所のできる地元の人たちにとっては、他の工場立地などと比べると、地元に対する雇用効果が少ない等あまり直接的にメリットをもたらすものではありません。そこで電源立地によって得られた国民経済的利益を地元に還元しなければなりません。この趣旨でいわゆる電源三法が作られました」[※9]と記されています。

福島から各地に避難した方が、避難先の人たちに事故に対する悔しい思いを吐露したとき、「でもあなた、お金もらってたんでしょう」と言われることが、たびたびあるそうです。これは筆者が避難者の方々から直接聞いたお話です。都会の人の中には、はっきり口に出さなくても、原発地元は原発のメリットを受けているんだろう、と考えている人は少なくないでしょう。しかし都会に原発がないのは、人口が多く経済力の強い地域にたまたま住んでいるために、原発が立地されることはなく、自分たちが使っている電気を作る危険な原発を、ほんのわずかな負担で、別の地域に押しつけることができるためです。「お金を払って」危険をよそに押しつけた人たちも、その道義的責任を免れることはできません。

立地地域と原発を阻止した地域は紙一重

全国には16カ所に原発があります。その他に、青森県には様々な核燃料サイクル施設が集中しています。他方で、原発や核燃料建設などが計画されたものの、反対運動によって、建設に至らなかった場所が33地点あります（図２）。原発計画を阻止した地域の反対運動が成功であって、原発建設を許してしまった地域の運動が失敗だった、とは簡単に言えません。なおのこと、地元の人々がみな利益をあてにして、喜んで原発を受け入れたということでは決してありません。

原発の候補地では、必ず、漁業者や農業者、住民による激しい反対運動がありました。しかしこれらは電力会社と政府の強力な力によって切り崩され、原発の完成という既成事実の前にあきらめと容認を余儀なくされたものです。

9　清水修司『差別としての原子力』（リベルタ出版、1994年）p.178から引用。

図2 原発建設を阻止した地域 (2011年12月末現在)

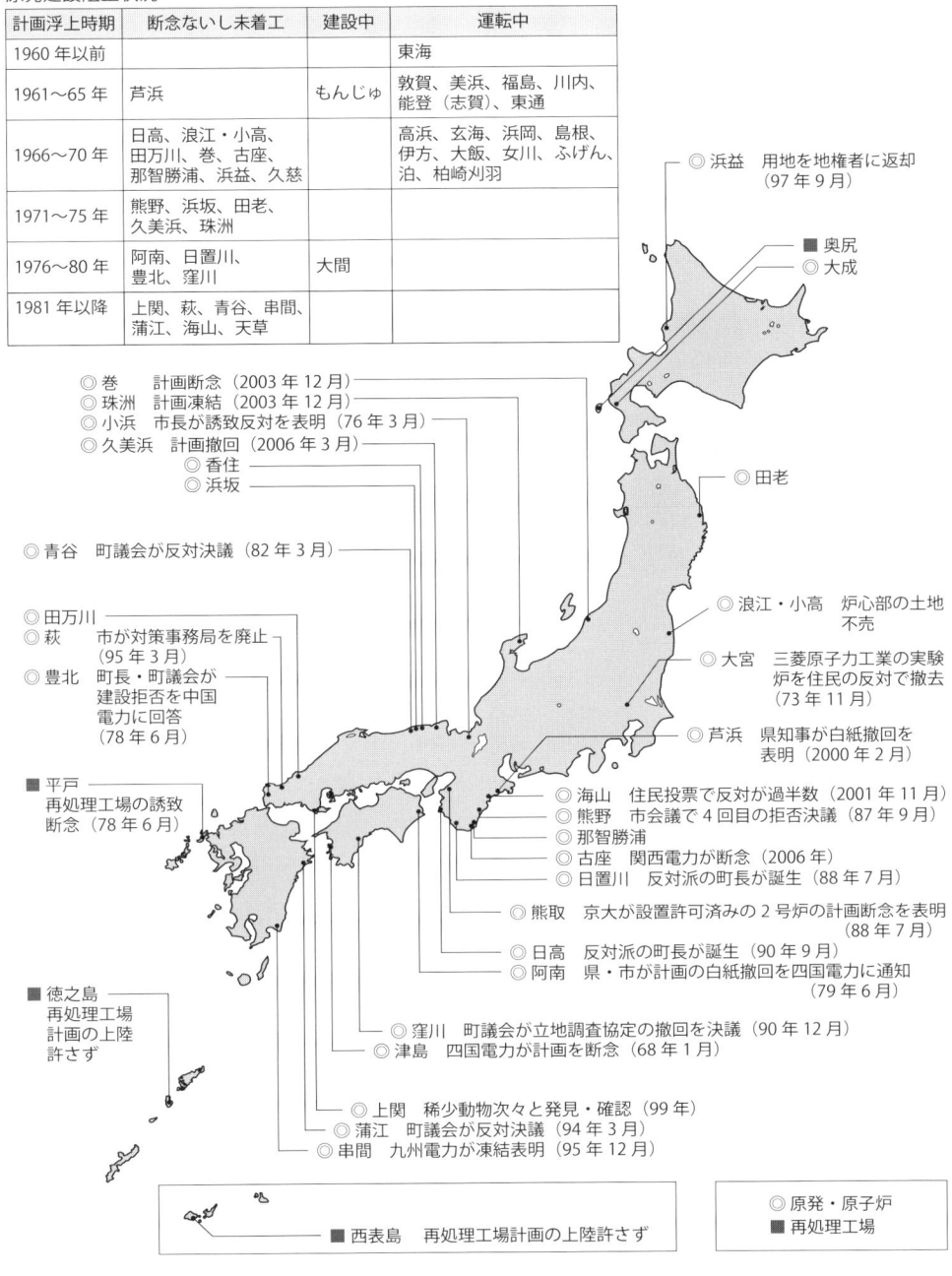

原発建設阻止状況

計画浮上時期	断念ないし未着工	建設中	運転中
1960年以前			東海
1961〜65年	芦浜	もんじゅ	敦賀、美浜、福島、川内、能登（志賀）、東通
1966〜70年	日高、浪江・小高、田万川、巻、古座、那智勝浦、浜益、久慈		高浜、玄海、浜岡、島根、伊方、大飯、女川、ふげん、泊、柏崎刈羽
1971〜75年	熊野、浜坂、田老、久美浜、珠洲		
1976〜80年	阿南、日置川、豊北、窪川	大間	
1981年以降	上関、萩、青谷、串間、蒲江、海山、天草		

◎ 浜益　用地を地権者に返却（97年9月）
■ 奥尻
◎ 大成
◎ 巻　計画断念（2003年12月）
◎ 珠洲　計画凍結（2003年12月）
◎ 小浜　市長が誘致反対を表明（76年3月）
◎ 久美浜　計画撤回（2006年3月）
◎ 香住
◎ 浜坂
◎ 田老
◎ 青谷　町議会が反対決議（82年3月）
◎ 田万川
◎ 萩　市が対策事務所を廃止（95年3月）
◎ 豊北　町長・町議会が建設拒否を中国電力に回答（78年6月）
■ 平戸　再処理工場の誘致断念（78年6月）
◎ 浪江・小高　炉心部の土地不売
◎ 大宮　三菱原子力工業の実験炉を住民の反対で撤去（73年11月）
◎ 芦浜　県知事が白紙撤回を表明（2000年2月）
◎ 海山　住民投票で反対が過半数（2001年11月）
◎ 熊野　市会議で4回目の拒否決議（87年9月）
◎ 那智勝浦
◎ 古座　関西電力が断念（2006年）
◎ 日置川　反対派の町長が誕生（88年7月）
◎ 熊取　京大が設置許可済みの2号炉の計画断念を表明（88年7月）
◎ 日高　反対派の町長が誕生（90年9月）
◎ 阿南　県・市が計画の白紙撤回を四国電力に通知（79年6月）
■ 徳之島　再処理工場計画の上陸許さず
◎ 窪川　町議会が立地調査協定の撤回を決議（90年12月）
◎ 津島　四国電力が計画を断念（68年1月）
◎ 上関　稀少動物次々と発見・確認（99年）
◎ 蒲江　町議会が反対決議（94年3月）
◎ 串間　九州電力が凍結表明（95年12月）
■ 西表島　再処理工場計画の上陸許さず

◎ 原発・原子炉
■ 再処理工場

出典：原子力資料情報室編『原子力市民年鑑2011-12』（七ツ森書館発行）所収の「原発おことわりマップ」を転載

原発の計画から稼働までにおよそ20年の時間がかかると言われます(※10)。その間、電力会社は用地を買収し、漁業組合から漁業権を買収し、地方議会の議員の多数派工作を行い、首長の同意をとります。そのやり方については、ルポライターの鎌田慧さんが全国の原発地元を取材した著書の中で克明に記録しておられます(※11)。中には、反対運動を警官隊が弾圧したり、用地取得に暴力団が関与した事例もあったといいます。その過程で住民は推進派と反対派に分断され、相互に争い、いがみ合うことを強いられました。そんな中で原発建設が止まるかどうかは、自治体のおかれた状況や、政治家の勢力図、とりわけ首長に就いている人の立場に大きく左右されました。住民の方々の努力が実って原発の是非を問う正式な住民投票にこぎ着けた所もあれば、建設に向けた準備が進められている中で、国内外で原発事故が起こるなどして風向きが大きく変わることもありました。他方で、現在比較的新しい原発の建っている地域は、スリーマイル島やチェルノブイリなどの大きな事故にもかかわらず、電力会社や政府が地元の反対の声を押し切って建設にこぎ着けた場所だと言えます。

原発を許してしまった地域と食い止めた地域は本当に、紙一重だったのです。

地元は原発・核燃料施設との共存を望んでいるのか

さて、いったん反対の声が押し切られ、原発建設が着工すると、地元の多くの人々も建設労働に携わることになります。第Ⅱ章で見るように、運転開始前でも多額の交付金が地元の財政に注ぎ込まれますが、運転開始後はさらに大きな金額の固定資産税が入り、定期点検などの雇用の面でも「なくてはならない存在」になってしまいます。原発が歳を重ねると、固定資産税も減り、老朽化によって危険性が高まりますが、その閉鎖を求める声がわき上がることもありません。むしろ、財政や雇用のさらなる危機の「打開策」として、新たな原発を求める要望が上がります。こうして、原発のある地域に、より多くの原発が増設され、危険な原発が集中してきたのです。福井県には14基、新潟県には10基の原発が集中しており、「原発銀座」とか「世界一の

---

10 『コスト等検証委員会報告書』(エネルギー・環境会議、2011年12月19日)p.78参照。
11 鎌田慧『原発列島を行く』(集英社新書、2001年)参照。

原子力センター」などと呼ばれていますが、こんな場所は世界的にも異例です。

　原発の「恩恵」は一時的なもので、原発を動かし続け、新たな原発を作り続けない限り、同じ経済状態を続けることができないことは、広く理解されていることです。このことを明白に示したのは1991年、福島第一原発の立地で潤っているはずの福島県双葉町で財政が悪化し、町長らが資源エネルギー庁、東京電力、科学技術庁を訪れて原発増設を求めた時でした。原発は恒久的な繁栄をもたらすものではありません。新たな原発立地点を見つけるのが難しいのはそのためです。今では、原発や核廃棄物関連施設をすすんで受け入れるのは、すでにそのような施設が建っている場所だけだと言っても過言ではないでしょう。

　そうは言っても、原発地元の人々はいつまでも原発が事故を起こすことなく、新しい原発を建設し続けることができると思っているのでしょうか。未来永劫、原発との共存を本当に望んでいるのでしょうか。私は、本当はそんなことは誰も望んでいないし、そんなことはできないとわかっていると思います。

　私は北海道岩内町の佐藤英行町議から2012年8月末に講演するようお招きを受けました。岩内町は泊原発のある泊村のとなり、原発から海を隔ててわずか4キロの距離にあり、真正面に原発が見える町です（泊村からは逆に原発が見えません）。この岩内町も飲食店などが原発関係の人たちに依存して生計を立てています。一方で子どもたちはこの原発の町に将来の希望を抱いていないようです。同じく岩内町の斉藤武一さんの講演録によれば、斉藤さんのお嬢さんの通っていた小学校のクラスメート35人のうち、故郷岩内に残るという子どもは誰もいなかったということで、理由は原発があるから、ということだそうです。

　岩内町だけでなく、全国の原発地元で、脱原発後の地元経済のあり方を描こうと動き出した方がおられます。しかし代わりの道はそう簡単には見えてきません。代わりの産業・経済がなかなか描けません。そんな中で、地元の多数の人々は、自分だけ異議を唱えてもたぶんダメだろう、ならば政府や電力会社を「信頼」するしかない、そのように考えているように見えます。もし私が原発地元の住民であればそのように考えたかもしれません。

10年ほど前に行われた興味深い調査の結果を紹介します。これは原発の地元ではなく核燃料サイクル施設が集中する六ヶ所村で、法政大学の舩橋晴俊教授たちが、住民に詳細なアンケートをとったものです。その結果は大変に示唆に富むものです。質問項目が多いので二つだけ紹介します。「問15（サ）核燃施設は既にたくさん建設されたので、好むと好まざるとにかかわらず、この現実は変えられない」という質問には、「そう思う」が41.80％、「どちらかと言えばそう思う」が39.23％で、合わせると8割を超えます。それに対して、本書にとっても重要なのは、「問22（イ）核燃施設の操業や関連する工事をやめても、別の方法で雇用が確保されるなら、核燃施設は縮小した方が良い」という問いです。「そう思う」は29.58％、「どちらかと言えばそう思う」が30.23％で、約6割の回答者が賛意を示しました。紙幅の関係で詳しく紹介できませんが、他の質問の回答を見ても、回答者のほとんどが危険性を認識していることは明らかです。

　私たちにとって、ここから導くべき結論は明らかです。原発地元にとっての代わりの道、原発の無い未来の産業・経済のあり方を明らかにし、その実現に取り組むことです。

12　舩橋晴俊・長谷川公一・飯島伸子『核燃料サイクル施設の社会学 青森県六ヶ所村』（有斐閣選書、2012年）資料2参照。

Ⅱ

原発地元はどれだけ「原発の恩恵」に依存しているのか

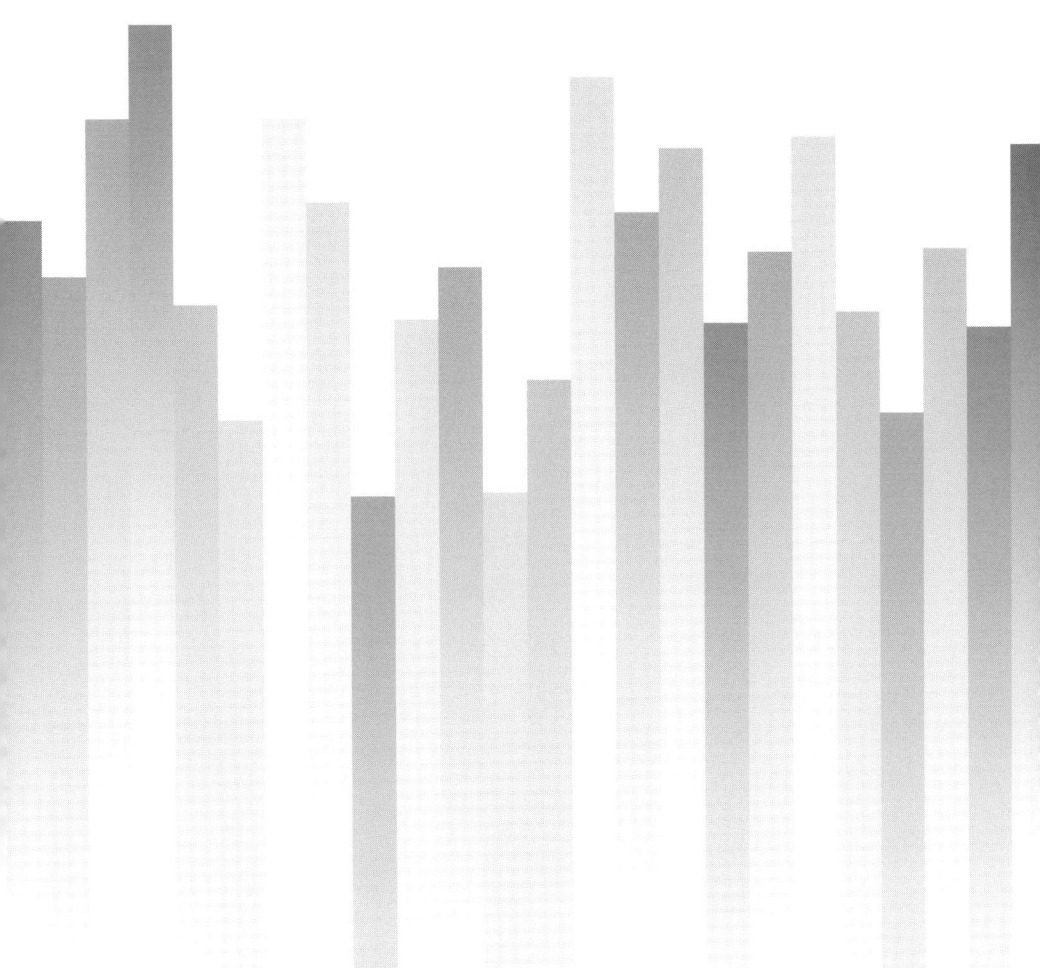

経済的な恩恵とは

　原発地元は「安全か危険か」だけで原発をやめるのか続けるのかを決断できません。経済的な関わりが大きいためです。では、どの程度の経済的な「恩恵」があるのでしょうか。本章では、財政的な面（自治体に入る税金や交付金）と産業的な面（地元の雇用や企業活動）に分けて考えます。

　原発から生まれた電気の収入はすべて、いったん都会の消費地にある電力会社の本社に入ります。その一部が、政府が作った制度や電力会社の支払いを通じて地元に還元されます。地元自治体の財政をうるおすのは、原発の固定資産税（立地市町村と立地道県に）、核燃料税、使用済み核燃料税などの税金と、後述する電源三法交付金、そして、電力会社からの寄付金です。

　他方、地元の人々の収入になるのは、電力会社や関連会社の従業員の賃金、飲食・宿泊店やタクシー等の収入などです。他には、地元の家庭や企業の電気料金が割り引かれたり、銀行口座に直接的にお金が振り込まれたりする制度もあります（原子力立地給付金）。

　以下で詳しく説明していきましょう。

原発からの歳入

　原発や核施設が立地する自治体とそれに隣接する自治体に入る「原発関連収入」を、総務省の『市町村別決算状況調』という資料に基づいて集計したものが表5〜表8です。[※13]

　ここでは固定資産税と電源三法交付金、寄付金の合計を「原発関連収入」と定義し、歳入に占める比率とともに示しました。ただし、この表を解釈する上で注意していただきたい点がいくつかあります。まず、もとの統計には核燃料税や使用済み核燃料税は明示されていなかったことと、地方法人2税（法人住民税と法人事業税）については原発関係の部分だけを抽出するのが難しいことから、含めていません。また、統計上は固定資産税と寄付金の中に原発や電力会社以外からのものも含まれています。原発地元ではほとん

13　これを作成する上で、全国市民オンブズマン連絡会議（http://www.ombudsman.jp/）の手法を参考にさせていただきました。

表5　2010年度原発立地自治体の「原発関連収入」（市）

	団体名	歳入総額 千円	固定資産税 千円	%	電源交付金 千円	%	寄付金 千円	%	左三項計 千円	%	
青森県	むつ市	38,018,462	2,307,091	6.1	2,630,968	6.9	65,215	2.8	5,003,274	13.2	
新潟県	柏崎市	57,173,405	9,060,980	15.8	4,214,424	7.4	12,465	0.1	13,287,869	23.2	＊
静岡県	御前崎市	17,539,774	6,980,016	39.8	1,194,431	6.8	270,255	1.5	8,444,702	48.1	＊
福井県	敦賀市	31,536,413	8,614,211	27.3	2,959,505	9.4	891,973	10.4	12,465,689	39.5	＊
島根県	松江市	103,892,975	11,632,912	11.2	4,964,171	4.8	108,320	0.9	16,705,403	16.1	＊
鹿児島県	薩摩川内市	57,047,654	6,395,053	11.2	1,092,869	1.9	12,173	0.2	7,500,095	13.1	
全国市平均※				15.4		0.1		0.1		15.7	

※政令市、特別区、中核市、特例市を除く
出典：総務省『市町村別決算状況調』より作成

が原発関連と推定されますが、詳細はわからないので、これを区別しておりません。そのため、参考までに全国の自治体の平均を一番下の行に示しました（表の最右列〈＊印〉は全国平均を上回ることを意味します）。全国市平均について「政令市，特別区，中核市，特例市を除く」としているのは、これらは大きく豊かなので原発地元との比較に適さないと考えられるためです。なお、表7、表8は隣接自治体に関する数値ですが、ここには原発や核施設からの固定資産税が基本的に無いと考えられますから、示しておりません。

　まず、表5の立地自治体（市）の財政を見ると、全体的に見れば全国平均と変わらない所が多いことがわかります。市は人口が多く（原則5万人以上）、財政的な体力があるので、原発への依存度は思ったほど大きくありません。それでも、御前崎市（浜岡原発）、敦賀市（敦賀原発、もんじゅ）の固定資産税は全国市平均よりはるかに大きく、その結果、全体的な依存度（左三項計）も大きくなっています。次節で詳述しますが、固定資産税は原発の運転開始後どんどん減っていき、20年程度で無くなってしまうので、比較的新しい原発がある所ほど固定資産税が大きくなります。

　寄付金や電源三法交付金(※14)は、全国市の平均よりもはるかに大きい値となっています。敦賀市は約9億円の寄付金収入を計上していますが、他の市では小さくなっています。これは地域ごとの偏りというよりも、年度ごとの偏りでしょう。寄付金は毎年確実にもらえるわけではないためです。

　原発関連収入の中では固定資産税が最も大きいことがわかります。福井県

14　表では電源交付金と示していますが、もとの統計上の名称は「電源立地地域対策交付金」です。

表6　2010年度原発立地自治体の「原発関連収入」（町村）

	団体名	歳入総額 千円	固定資産税 千円	%	電源交付金 千円	%	寄付金 千円	%	左三項計 千円	%	
北海道	泊村	5,833,122	2,665,650	45.7	1,852,754	31.8	1,100	0	4,519,504	77.5	＊
青森県	大間町	4,892,972	177,284	3.6	731,097	14.9	2,271	0	910,652	18.6	＊
青森県	東通村	9,069,122	3,500,959	38.6	990,208	10.9	1,934	0	4,493,101	49.5	＊
青森県	六ヶ所村	13,758,127	6,519,096	47.4	1,750,956	12.7	1,000	0	8,271,052	60.1	＊
宮城県	女川町	6,154,200	3,608,959	58.6	434,055	7.1	0	0	4,043,014	65.7	＊
福島県	楢葉町	5,928,639	1,870,382	31.5	903,590	15.2	1,322	0	2,775,294	46.8	＊
福島県	富岡町	7,393,678	2,109,387	28.5	925,710	12.5	41,239	0.6	3,076,336	41.6	＊
福島県	大熊町	7,555,601	2,710,920	35.9	1,687,448	22.3	850	0	4,399,218	58.2	＊
福島県	双葉町	6,086,955	1,658,541	27.2	1,975,035	32.4	1,924	0	3,635,500	59.7	＊
茨城県	東海村	17,328,686	8,041,433	46.4	1,217,885	7.0	27,054	0.2	9,286,372	53.6	＊
新潟県	刈羽村	6,511,961	2,513,496	38.6	954,885	14.7	10	0	3,468,391	53.3	＊
石川県	志賀町	14,917,279	5,492,590	36.8	512,325	3.4	62,520	0.4	6,067,435	40.7	＊
福井県	美浜町	9,700,245	1,826,698	18.8	2,459,595	25.4	870	0	4,287,163	44.2	＊
福井県	おおい町	12,219,586	3,286,529	26.9	2,281,804	18.7	80,210	0.7	5,648,543	46.2	＊
福井県	高浜町	8,167,269	2,573,253	31.5	1,752,241	21.5	342	0	4,325,836	53.0	＊
山口県	上関町	4,394,642	87,052	2.0	72,000	1.6	600,710	13.7	759,762	17.3	＊
愛媛県	伊方町	11,662,182	2,221,491	19	1,550,179	13.3	3,874	0	3,775,544	32.4	＊
佐賀県	玄海町	7,747,803	2,922,995	37.7	1,488,614	19.2	1,036	0	4,412,645	57.0	＊
全国町村平均				11.9		0.5		0.2		12.6	

出典：総務省『市町村別決算状況調』より作成

　敦賀市に落ちる電源三法交付金は29.6億円ですが、固定資産税は倍以上の86.1億円です。他の市の多くで、固定資産税が電源三法交付金の数倍に相当します。むつ市の場合は例外的に固定資産税が少ないですが、それは原発や大型の核施設があるわけではなく、使用済み核燃料の中間貯蔵施設が建設中であるだけだからです（2013年10月操業開始予定）。それでも、26.3億円もの電源三法交付金が投じられています。

　表6の、立地自治体（町村）の場合には、人口が少ないために、地元財政に占める原発関連収入の比重がはるかに大きくなります（ちなみに、町となる人口は都道府県によってことなり、3000～15000人です）。

　「原発関連収入」の比率が最も高いのは泊村（77.5%）、女川町（65.7%）などですが、全体的にみて4割を超える所がほとんどです。表の最右列の「＊」は、いずれも全国平均を上回っていることを示します。市と同様に、固定資産税が電源三法交付金よりも多いところがほとんどですが、原発が完成していない所（大間町、上関町）や、原発が非常に古くなった所（美浜町）では固定資産税が少なくなっています。寄付金はまちまちですが、この年度

表7　2010年度原発隣接自治体の「原発関連収入」（市）

	団体名	歳入総額 千円	電源交付金 千円	%	寄付金 千円	%	左二項計 千円	%	
青森県	三沢市	20,201,420	194,371	1.0	268,645	1.3	463,016	2.3	＊
青森県	十和田市	30,527,952	671,724	2.2	2,341	0	674,065	2.2	＊
宮城県	石巻市	68,111,734	190,995	0.3	82,939	0.1	273,934	0.4	＊
福島県	いわき市	127,086,644	147,104	0.1	27,183	0	174,287	0.1	
福島県	田村市	22,363,090	41,993	0.2	33,974	0.2	75,967	0.3	＊
福島県	南相馬市	29,394,826	53,474	0.2	1,420	0	54,894	0.2	
茨城県	日立市	72,738,961	44,222	0.1	52,839	0.1	97,061	0.1	
茨城県	那珂市	19,516,495	35,564	0.2	141	0	35,705	0.2	
新潟県	長岡市	156,857,853	137,812	0.1	106,405	0.1	244,217	0.2	
新潟県	上越市	113,656,553	444,881	0.4	3,745	0	448,626	0.4	＊
石川県	羽咋市	10,152,973	31,228	0.3	3,528	0	34,756	0.3	
石川県	七尾市	33,784,480	62,455	0.2	89,538	0.3	151,993	0.4	＊
静岡県	掛川市	45,607,246	1,367	0	290,508	0.6	10,241,407	0.6	
静岡県	菊川市	18,425,976	1,700	0	31,481	0.2	3,670,849	0.2	
静岡県	牧之原市	19,181,617	4,078	0	351,538	1.8	5,030,626	1.8	
滋賀県	長浜市	65,776,163	20,350	0	3,442	0	23,792	0	
京都府	舞鶴市	36,667,000	373,781	1.0	15,400	0	389,181	1.1	＊
京都府	綾部市	16,755,709	207,913	1.2	16,292	0.1	224,205	1.3	＊
愛媛県	八幡浜市	22,677,301	44,845	0.2	10,798	0	55,643	0.2	＊
愛媛県	西予市	30,785,277	4,500	0	40,040	0.1	44,540	0.1	
佐賀県	唐津市	63,136,724	212,646	0.3	109,212	0.2	321,858	0.5	＊
鹿児島県	阿久根市	12,125,360	71,474	0.6	655	0	72,129	0.6	＊
鹿児島県	いちき串木野市	15,040,036	75,583	0.5	910	0	76,493	0.5	＊
全国市平均※				0.1		0.1		0.2	

※政令市，特別区，中核市，特例市を除く。
出典：総務省『市町村別決算状況調』より作成

　の最高額は原発が着工していない上関町で、6億円もの寄付金が計上されていました。他の自治体の場合、この年度の金額が少なくても、他の年度に多額を受け取っている場合があります。

　このように原発立地自治体の財政は、固定資産税や電源三法交付金、電力会社の寄付金に大きく依存しています。その他に、核燃料税や使用済み核燃料税など独自の税金があるのですが、この比重を見れば、原発が無くなるとともに、これらの収入が無くなることに不安があることもうなずけます。

　表7と表8は、立地市町村に隣接する自治体の場合です。これらは原発・核施設の固定資産税が入りませんが、隣接自治体として交付金が入ります。寄付金が原発に関係するものかどうかは、はっきりとわかりません。電源三法交付金と寄付金を合わせても「原発関連収入」は市の場合で0.1～2.3％、町村の場合で0.1～12.0％と、立地自治体と比べれば原発への依存度はは

表8 2010年度隣接自治体の原発関連収入（町村）

	団体名	歳入総額 千円	電源交付金 千円	%	寄付金 千円	%	左二項計 千円	%	
北海道	共和町	5,329,367	150,093	2.8	5,510	0.1	155,603	2.9	＊
北海道	岩内町	8,137,363	243,846	3.0	4,815	0.1	248,661	3.1	＊
北海道	神恵内村	2,328,811	127,986	5.5	15,780	0.7	143,766	6.2	＊
青森県	風間浦村	2,753,974	146,867	5.3	3,436	0.1	150,303	5.5	＊
青森県	佐井村	3,022,899	101,039	3.3	393	0	101,432	3.4	＊
青森県	横浜町	3,902,994	469,355	12.0	100	0	469,455	12.0	＊
青森県	野辺地町	5,900,064	204,894	3.5	1,656	0	206,550	3.5	＊
青森県	東北町	12,718,989	6,625	0.1	1,696	0	8,321	0.1	
青森県	平内町	6,561,957	65,753	1.0	16,768	0.3	82,521	1.3	＊
青森県	七戸町	10,629,567	0	0	1,607	0	1,607	0	
青森県	おいらせ町	10,766,763	101,179	0.9	17,335	0.2	118,514	1.1	＊
青森県	六戸町	5,782,781	82,000	1.4	8,150	0.1	90,150	1.6	＊
福島県	広野町	3,877,372	298,854	7.7	31,399	0.8	330,253	8.5	＊
福島県	川内村	2,998,469	116,536	3.9	26,048	0.9	142,584	4.8	＊
福島県	浪江町	9,486,864	149,272	1.6	4,008	0	153,280	1.6	＊
福島県	葛尾村	2,119,588	43,253	2.0	10,290	0.5	53,543	2.5	＊
茨城県	ひたちなか市	51,202,600	67,089	0.1	12,790	0	79,879	0.2	
新潟県	出雲崎町	3,710,005	69,775	1.9	35,153	0.9	104,928	2.8	＊
石川県	中能登町	10,569,141	62,455	0.6	8,835	0.1	71,290	0.7	
福井県	池田町	3,907,181	246,988	6.3	1,795	0	248,783	6.4	＊
福井県	越前町	15,167,197	368,488	2.4	2,557	0	371,045	2.4	＊
福井県	南越前町	9,485,456	121,599	1.3	6,343	0.1	127,942	1.3	＊
福井県	若狭町	11,684,453	666,111	5.7	6,164	0.1	672,275	5.8	＊
全国町村平均				0.5		0.2		0.7	

出典：総務省『市町村別決算状況調』より作成

るかに低いということができます。

　次ページの表9は県の歳入に占める核燃料税（または核燃料物質取扱税）の収入と、電源交付金の割合を、各道県の決算資料と総務省の『平成22年度都道府県決算状況調』に基づいて計算した結果です。原発からの固定資産税が県にも入っているはずですが、統計に明示されていないのでここでは省きます。また、寄付金についても電力・原子力関係のものを区別することができないので省いています。

　ここで読み解けるのは、県の歳入の場合には、核燃料税や電源三法交付金の収入が歳入に占める比率は、立地市町村の場合に比べてはるかに小さいということです。核燃料税は青森県と福井県が突出して1.5〜2％程度ですが、それ以外は1％にも達しません。また電源三法交付金は最大の福井県でも2.58％、次の青森県でも1.93％、事故前の福島県でも1.09％でした。それ以外の原発関連収入がたとえこれらと同じぐらいあったとしても、道県の

表9　2010年度の原発立地道県の核燃料税収入および電源三法交付金収入 (千円)

	歳入総額	核燃料税	比率	電源三法交付金	比率
北海道	2,570,658,717	735,429	0.03%	2,248,365	0.09%
青森県	743,009,601	15,064,390	2.03%	14,337,477	1.93%
宮城県	856,381,019	618,000	0.07%	2,198,029	0.26%
福島県	858,467,723	4,645,387	0.54%	9,356,809	1.09%
茨城県	1,067,309,635	1,157,034	0.11%	7,355,360	0.69%
新潟県	1,103,793,411	1,274,878	0.12%	12,229,896	1.11%
石川県	543,309,249	1,001,591	0.18%	2,216,213	0.41%
福井県	504,266,853	7,449,000	1.48%	12,993,841	2.58%
静岡県	1,141,768,937	943,683	0.08%	2,135,985	0.19%
島根県	566,854,454	722,617	0.13%	2,810,127	0.50%
山口県	707,878,495	0	0.00%	917,045	0.13%
愛媛県	630,190,452	2,430,039	0.39%	1,708,250	0.27%
佐賀県	470,394,107	1,740,000	0.37%	3,020,028	0.64%
鹿児島県	820,405,853	1,611,832	0.20%	1,895,871	0.23%
合計	50,066,111,592			85,215,078	0.17%

出典：総務省『平成22年度都道府県決算状況調』および各道県決算資料より筆者作成

歳入に占める比率は、全体に比べればわずかだと言うことができるでしょう。

原発と固定資産税

　固定資産税は原則として市町村税であり、原発関連収入の中でも最も大きな比重を占めています(※15)。これは、原発などの建物や装置などの固定資産にかかる税です。税率は課税標準額（固定資産の評価額）の1.4%です。例えば、建設費が4000億円の原発で、取得価額が7割と評価されたとします。すると、運転を開始した年の税額は36.4億円になります（図3参照）。原発を何基も抱えると百億円を超える規模となり、市町村にとっては大変な金額となります。

　この税の特徴は、建設中は収入が入らず、運転が開始されてようやく巨額の税収が入るのですが、減価償却（帳簿上の金額を減らしていくこと）が進むにつれて税収は急激に減少し、20年以内にわずかな金額になってしまうことです（図では運転期間20年以降はずっと約2億円です）。ですから、福島や福井など原発が古くなった自治体では、地元の商工会議所などから、原発を増設して欲しいという陳情が上っています。このことは、原発を誘致しても、長期にわたる財政的な自立は見込めないことを意味しています。

15　ただし、原発のような「大規模償却資産」の場合には、市町村の人口規模などに応じて課税標準額に限度が定められ、それを超える部分については道・県が課税することになっています。

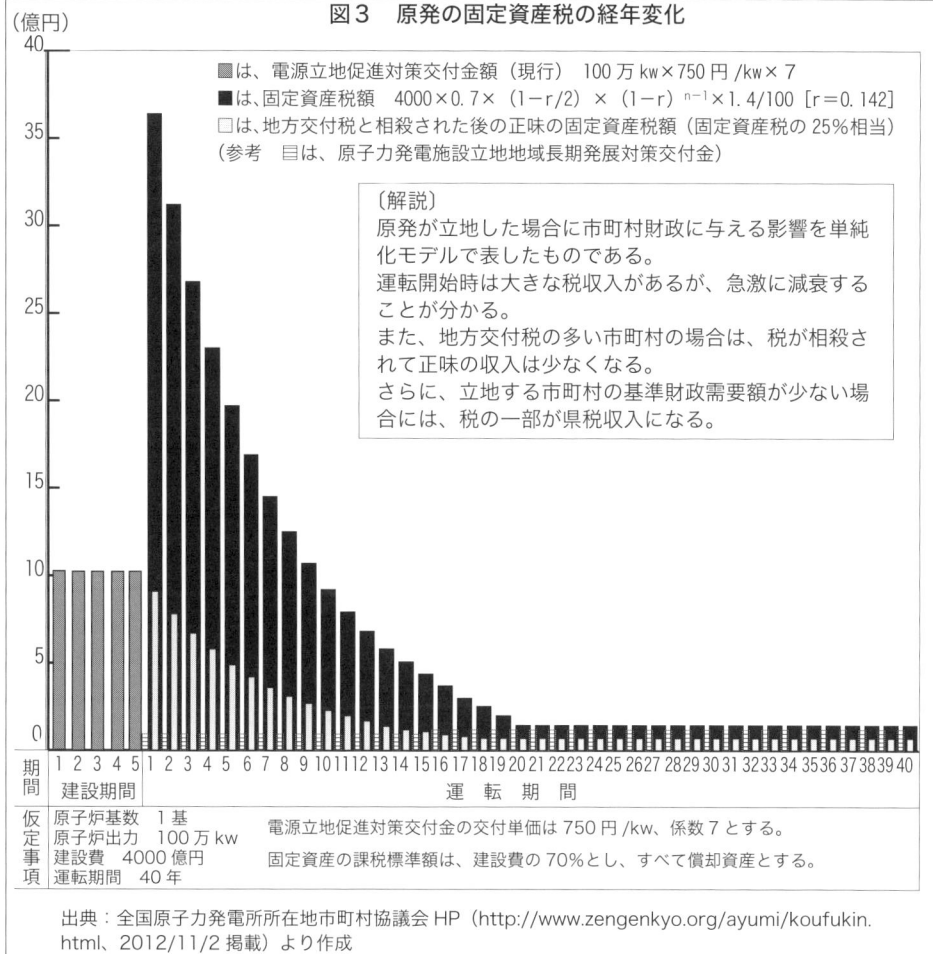

図3　原発の固定資産税の経年変化

(億円)

凡例:
- ▨は、電源立地促進対策交付金額（現行）　100万kw×750円/kw×7
- ■は、固定資産税額　$4000 \times 0.7 \times (1-r/2) \times (1-r)^{n-1} \times 1.4/100$　[$r=0.142$]
- □は、地方交付税と相殺された後の正味の固定資産税額（固定資産税の25％相当）
- （参考　▤は、原子力発電施設立地地域長期発展対策交付金）

〔解説〕
原発が立地した場合に市町村財政に与える影響を単純化モデルで表したものである。
運転開始時は大きな税収入があるが、急激に減衰することが分かる。
また、地方交付税の多い市町村の場合は、税が相殺されて正味の収入は少なくなる。
さらに、立地する市町村の基準財政需要額が少ない場合には、税の一部が県税収入になる。

期間：1 2 3 4 5（建設期間）／1 2 3 4 5 6 7 8 9 10 11 12 13 14 15 16 17 18 19 20 21 22 23 24 25 26 27 28 29 30 31 32 33 34 35 36 37 38 39 40（運転期間）

仮定事項：
- 原子炉基数　1基
- 原子炉出力　100万kw
- 建設費　4000億円
- 運転期間　40年
- 電源立地促進対策交付金の交付単価は750円/kw、係数7とする。
- 固定資産の課税標準額は、建設費の70％とし、すべて償却資産とする。

出典：全国原子力発電所所在地市町村協議会HP（http://www.zengenkyo.org/ayumi/koufukin.html、2012/11/2掲載）より作成

筆者注：固定資産税額計算式に含まれるnは運転期間、rは償却率（耐用年数15年の場合r=0.142）である。初年度は半年分の償却をするので1-r/2が乗じられている。評価額が取得価額を下回った場合には5％を評価額とするという前提で計算されていると考えられる。

　今後の脱原発に関して言えば、ごく古い原発が立地する地域はすでに固定資産税が少なくなっているので、原発が廃止されてもそれほど大きな変化はありません。問題は、比較的新しい原発があるところです。待っていても減っていくのですが、いきなり原発が廃止されると、自治体の税収の大黒柱である固定資産税も一緒になくなってしまう、という大きな不安があるのです。

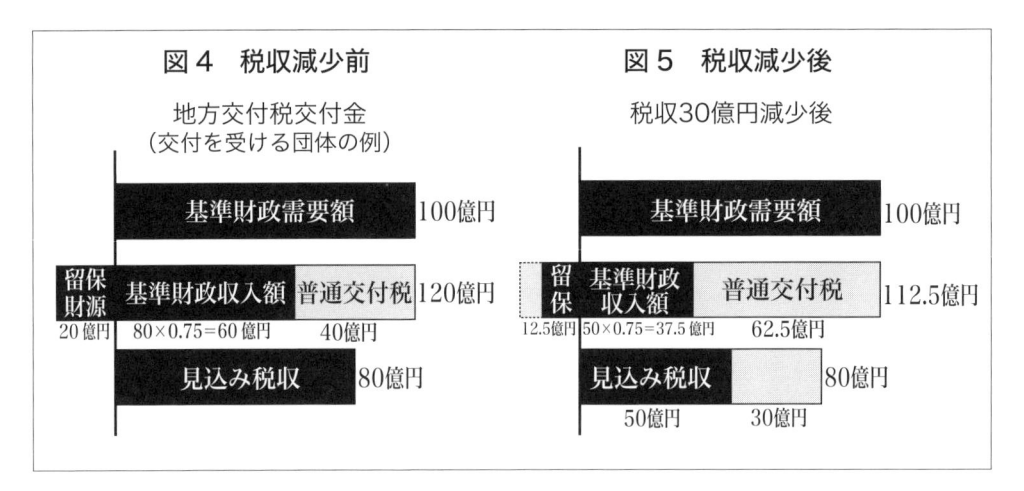

図4　税収減少前
地方交付税交付金
（交付を受ける団体の例）

基準財政需要額　100億円
留保財源 20億円｜基準財政収入額 80×0.75＝60億円｜普通交付税 40億円　120億円
見込み税収　80億円

図5　税収減少後
税収30億円減少後

基準財政需要額　100億円
留保 12.5億円｜基準財政収入額 50×0.75＝37.5億円｜普通交付税 62.5億円　112.5億円
見込み税収　50億円　30億円　80億円

地方交付税交付金で取り戻そう

　でも、固定資産税については良いニュースがあります。原発の固定資産税がなくなっても、「地方交付税交付金」という仕組みで最大75％は戻ってくるのです。

　地方交付税とは、税収が少なく財政力の弱い自治体でも最低限度の生活が営める行政運営ができるよう、国が税金を補填するしくみです。(※16) そのおかげで税収が減っても自動的に交付税が増えるわけです。しかも、この交付税は自治体が自由に使える財源になります。蛇足ですが、同じ「交付金」という名前が付いていても、原発関連の電源三法交付金とは全く異なる制度です。

　逆に考えれば、財政が苦しいと言って原発を誘致した自治体が、例えば40億円の固定資産税を獲得したとしても、地方交付税交付金を最大30億円も削られてしまうので、正味の増収は10億円でしかありません。図3の「地方交付税と相殺された後の正味の固定資産税額」とはそのことを表しています。

　例えば、人口約5000人の自治体で言いますと、原発のある新潟県の刈羽村（4928人）の2003年の歳入は、独自の税収が約30.6億円（地方交付税交付金はゼロ）、その他の収入も合わせて約49.4億円でした（「広報かりわ」2004年10月号）。それに比べて全国の同じ規模の自治体は、独自の税収が約4.5億円程度とわずかです。しかし、14.1億円の地方交付税交付金やそ

16　詳しくは、総務省ホームページ「地方交付税制度の概要」を参照（http://www.soumu.go.jp/main_sosiki/c-zaisei/kouhu.html）。

の他の収入により歳入は 36.5 億円、刈羽村との差はおよそ 13 億円しかありません（「平成 17 年地方財政白書」より筆者計算）。言うなれば、原発自治体でたとえ固定資産税が減っても、自動的に他の自治体に支えてもらえるような仕組みになっているのです。

　以下、地方交付税交付金についてもう少し詳しく説明します。説明が厄介だと感じる方は、読み飛ばしてくださってもかまいません。

　地方交付税交付金の金額は、単純に言えば、自治体の「基準財政需要額」（その自治体の人口や地理的規模から考えて、土木・教育・厚生などに必要と見なされる経費）と、「基準財政収入額」（固定資産税を含む主な税の収入見込み額の 75％）との差で決まります。75％というのがこの話のカギになっています。[※17]

　図 4 は、地方交付税交付金を受けている団体の場合です。主な税の見込み税収が 80 億円の場合、基準財政収入額はその 75％にあたる 60 億円となります。基準財政需要額が 100 億円ならば、基準財政需要額と基準財政収入額の差である 40 億円が「普通交付税」として交付され、基準財政需要額の計算に含まれなかった主要税収の 25％（図では留保財源としめした 20 億円）と合わせて 120 億円の税収を自由に使うことができます。

　ここから、固定資産税の税収が 30 億円減っても、普通交付税は自動的にその 75％にあたる 22.5 億円だけ増加しますので、減収は 7.5 億円でしかありません（図 5）。基準財政収入額が 22.5 億円減少することで、普通交付税が 62.5 億円に増加するのです。

　ただし、財政力の強い自治体の場合には、固定資産税が減少しても、その 75％が返ってくるとは限りません。税収が多く、基準財政収入額が基準財政需要額を上回っている場合には、地方交付税交付金はもらえない仕組みになっているためです。

　次ページの図 6 には見込み税収と実際の税収の関係を示しました。基準財政需要額が 100 億円の場合を考えましょう。このとき、少しでも地方交付税交付金を受け取ることができるのは見込み税収が 133.3 億円（100 億円×4/3）のところまでです。ですから、原発が無くなって固定資産税が減少した結果、見込み税収が 133.3 億円を下回った金額については、その金額の

17 【注16】を参照

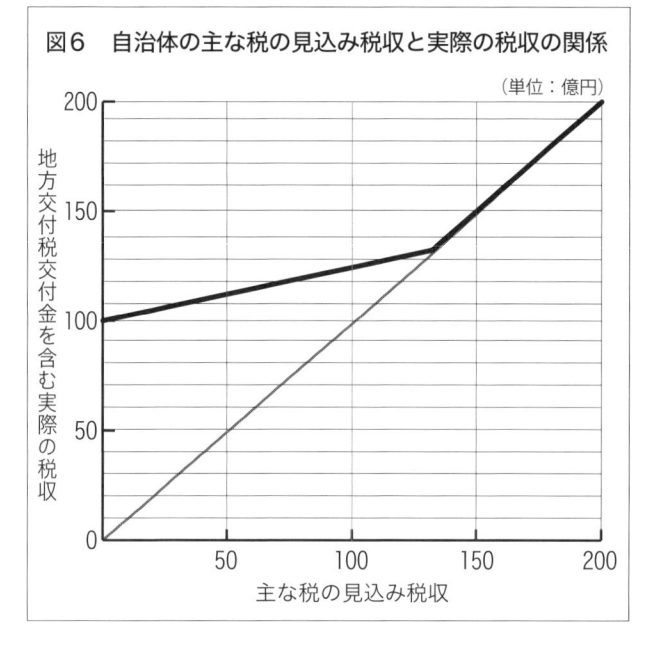

図6 自治体の主な税の見込み税収と実際の税収の関係

（単位：億円）

縦軸：地方交付税交付金を含む実際の税収
横軸：主な税の見込み税収

75％が返ってきます。例えば、見込み税収が150億円の自治体は、地方交付税交付金を受け取っていません（不交付団体、といいます）。こうした自治体で、税金が30億円減少した場合には、16.7億円分（150-133.3）はそのまま失われます。減収分の残りの13.3億円については、その75％にあたる10億円だけが戻ってきます。本節の冒頭で、原発の固定資産税がなくなっても、地方交付税交付金という仕組みで最大75％は戻ってくる、と述べたのはこのためです。

基準財政収入額を基準財政需要額で割ったものを「財政力指数」と言います。財政力指数が1を超えると（つまり見込み税収が基準財政需要額の1.33倍を超えると）、地方交付税交付金はもらえません。原発のある自治体には財政力指数の高いところが多いので、固定資産税が無くなると、75％も返って来ないところがあるかもしれません。何割が返ってくるかは、財政力指数と、失われる固定資産税の額によって決まります。(※18)

固定資産税以外の原発関連収入

固定資産税が減っても多くの場合、最大75％が戻ってくることがわかり

---

18 自治体の見込み税収を (A) とします。この値がわからなくても、基準財政需要額と財政力指数がわかる場合、A＝基準財政需要額×財政力指数×4/3 で計算できます。また、基準財政需要額の4/3倍をBとします。固定資産税の減収額をCとして、A－CがBを下回る場合、B-(A-C) またはCのいずれか小さい方の0.75倍が地方交付税交付金として戻ってきます。従って、減少した固定資産税がどの程度の割合戻ってくるかは、min(B-(A-C), C) ×0.75÷C という数式にあてはめれば計算できます。

表10　各道県の核燃料税

道県	導入年	当初の税率 (%)	現在の税率 (%)	改正回数	2010年度税収 (円)
福井県	1976	5	12	6	7,449,000,000
福島県	1977	5	15.5	6	4,645,387,000
茨城県	1978	5	13	6	1,157,033,800
愛媛県	1979	5	13	6	2,430,039,000
佐賀県	1979	5	13	6	1,740,000,000
島根県	1980	5	13	6	722,617,000
静岡県	1980	5	13	6	943,683,000
鹿児島	1983	7	12	5	1,611,832,300
宮城県	1983	7	12	5	618,000,000
新潟県	1984	7	14.5	5	1,274,878,200
北海道	1988	7	12	4	735,429,300
石川県	1992	7	12	3	1,001,591,000
青森県	2004	10	10	1	15,064,390,100

出典：電気事業連合会ホームページ資料 (2010年9月時点、http://www.fepc.or.jp/present/chiiki/nuclear/kakunenryouzei/sw_index_01/index.html) より作成。税収については各県の平成22年度決算資料を用いて数値を確認した。

ました。しかしそれ以外の、核燃料税、使用済み核燃料税、電源三法交付金はそうはいきません。地方交付税交付金を計算するための「主な税」に含まれていないためです。

　核燃料税は道府県税であり、多くの原発立地道県で導入されています（表10）。原子炉に燃料を装荷した時に、核燃料の価値に応じて課税されます。この税収は県が自由に使える財源です。ただ原発が停止して燃料の入れ替えが行われないと、税収が入りません。つまり、原発が動かないと困るわけで、これが、地元にとって、安全性に関して多少の懸念材料があっても何とか動かして欲しい、という動機づけを与えています。

　ところで、福井県と石川県は、福島事故後に原発の多くが停止して核燃料税の税収が得にくくなる中で、核燃料の価額だけでなく原発の規模（熱出力）に対しても課税する方式に改めました。また、茨城県と青森県は使用済み核燃料などにも課税しています。(※19) 原発が必ずしも動かなくてもこれらの税収が入るようにすることは、重要なことだと私は考えます。

19　福井県と石川県は、税率を従来の核燃料価額の12％から17％相当に引き上げた上で、その半分の8.5％を価額割とし、税率の半分相当を出力割（福井県：4万5750円/千kW、1課税期間＝3カ月、同石川県：3万4900円）としました。茨城県は核燃料等取扱税として、青森県は核燃料物質等取扱税として、使用済み核燃料の受け入れ、高放射性廃液の保管等も含めた課税を実施しています。他方、福島県は原発の廃止を求め、核燃料税の廃止を決めました。参考：小池拓自「原発立地自治体の財政・経済問題」国立国会図書館 ISSUE BRIEF、No.767、2012年1月29日。

一部の市町村にも「使用済み核燃料税」を導入したところがあります。これは、原発敷地内に保管されている使用済み核燃料に課税するものです。例えば、柏崎市では1キログラムあたり480円、薩摩川内市では核燃料集合体1個あたり25万円となっています。

　他の市町村でも、固定資産税が激減した後の財源の穴埋めとして、このような税の導入を検討している所があります。これは原発が動いていなくても税収が入ってきますから、安全性に問題のある原発を何とか動かして欲しい、という動機づけにはならないでしょう。

電源三法交付金とは

　原発地元に入るお金の中でも、最も大きな問題をはらんでいるのが電源三法交付金と呼ばれるものです。これは田中角栄首相の時に作られた制度です。当時、原発が計画されている各地で反対運動が強まり建設が困難になったこと、原発完成まで自治体に固定資産税が入らないこと、そして、第Ⅰ章ですでに説明したように、たとえ原発が立地しても地元の振興にはさほど役立たないことがわかってきたことが導入の理由です。

　電源三法交付金は、電気の消費者（家庭や企業）からお金を集めて、発電所の立地自治体に交付金として与え、地域の公共事業などに充てるものです。火力や水力も対象になってはいますが、大島堅一・立命館大学教授によれば、これまでの実績では3分の2が原発関係で交付されてきました。従って、原発推進のための利益誘導システムと言っても間違いではありません。

　電源三法交付金は通称であって、「電源開発促進税法」、「電源開発促進対策特別会計法」、「発電用施設周辺地域整備法」という3つの法律で成り立っているのでこのように呼ばれています。私たちが使っている電気には、1kWhあたり0.375円の割合で、電源開発促進税が課されていま

---

[20] 本論から外れますので脚注で説明しますと、電気料金には他にも原発関係の負担が上乗せされています。月300kWhの電気を使う家庭の場合、月額で、核燃料サイクル費用が66円、高レベル放射性廃棄物処分費が22円、廃炉費用が19円となり、電源開発促進税も合わせて219円、kWhあたり0.75円の負担が、多くの人が知らないうちに上乗せされています（共産党・吉井英勝議員の資料より。参照：ISEPニュース2011年8月4日）。

表11　電源開発促進税の税率の変遷

	1974年11月1日〜	1985年7月1日〜	1983年10月1日〜	1997年4月1日〜	2003年10月1日〜	2005年4月1日〜	2007年4月1日〜
税率(円/千kWh)	85	300	445	445	425	400	375
電源立地勘定分	85	85	160	190			
電源多様化勘定分	0	215	285	255			

出典：ウィキペディア「電源開発促進税」
会計監査院「2001年会計監査報告」http://report.jbaudit.go.jp/org/h13/2001-h13-0996-0.htm

す。これまでの税率の変遷は表11のとおりです。月に300kWhの電気を使う標準的な家庭では112.5円程度の負担になっています。再生可能エネルギー特別措置法の賦課金が電気料金明細書に明記されているのに対し、この金額は明記されず、あまり知られていません。あまり知られていない、ということは、全国の人々にとってさほど「痛みを感じにくい」負担だということです。こうして薄く広く全国から集めた毎年3000億円以上もの税収のうち、半分弱が「恩恵」として、一部の原発地元に集中的に交付されています。[※21]

　都会では建てられないような危険な原発を地方に押しつけながら、お金を渡して賛成の意志を「買収」するようなものだとの批判も根強くあります。このような露骨な制度は、ドイツをはじめとする欧米諸国ではあまりに筋が通らないということで、ほとんど例がありません。

　電源三法交付金はもともと、地元の道路や学校、公民館、文化ホールなどの施設の建設費にしか使えませんでした。これによって原発地元の公共設備が他の自治体に比べても著しく改善しました。ただ、地元の身の丈に合わない巨大な施設が作られ、維持費が自治体の財政を圧迫していることも様々な論者によって指摘されています。[※22]現在では使い道の制限が緩められ、ほとんど一般財源と同じように使えるようになってきています。

　電源三法交付金は原発・核施設が立地する道県と市町村だけでなく、隣接する市町村にも与えられています。立地自治体の財政がどの程度まで電源三法交付金に頼っているのかについては、表5〜表8を参照してください。

21　残りの半分強は、原子力の研究開発などにあてられており、その筆頭が「もんじゅ」を運営する日本原子力研究開発機構で、毎年1000億円以上が投じられています。
22　大島堅一『原発はやっぱり割に合わない―国民から見た本当のコスト』（東洋経済新報社、2012年）、清水修二『原発になお地域の未来を託せるか　福島原発事故―利益誘導システムの破綻と地域再生への道』（自治体研究社、2011年）などの書物を参照。

電源三法交付金の危険な仕組み

　図7は大型原発の建設前から運転開始後40年までにどの程度の交付金が与えられるかを示したものです。6種類の交付金が図示されていますが、多くのものは原発の規模（出力）によって変わります。図は135万キロワットという非常に大きな原発1基を想定した例ですが、この場合には道・県や市町村に合計1359億円ものお金が交付されます[※23]。

　もともと運転開始まで固定資産税が入らないところを、原発地元に早くお金を交付して原発を受け入れてもらうために電源三法交付金が作られました。そのため、まだ建設も始まっていない計画段階に「電源立地等初期対策交付金」という名目で毎年5.2億円ほどお金が出ます。しかし一番大きいのは建設中で、「電源立地促進対策交付金」（最大24.3億円）と「原子力発電所周辺地域等交付金」（39.7億円）と「電力移出県等交付金」（最大13.1億円）を上乗せして、最大で年間80億円にも達します。10年目に原発が動き出すと、固定資産税が入ることもあって翌年から交付金は減りますが、「原子力発電所周辺地域等交付金」（11.9億円）と「電力移出県等交付金」（6.2億円）は残り、その上「原子力発電所立地地域等長期発展対策交付金」（3億円以上）が上乗せされます。こうして、原発の運転が続く限り毎年20億円以上が交付され続けます。

　グラフを見て気づいた読者もおられるかもしれませんが、この交付金には原発地元に危険な原発の運転を認めさせる巧妙な仕組みが組み込まれています。

　まず、原発が古くなるほど交付額が増えます。「立地地域長期対策交付金」に相当する部分は、運転開始後15年以上、30年以上、40年以上経過する原子力発電施設についてはそれぞれ1億円を加算することになっています（日本原子力研究開発機構の「もんじゅ」などの特殊な原発の場合はさらに別の数式に基づいて、より大きく、古くなるほど交付金が増えます）。さらに、30年経ったところで5年間にわたり「立地地域共生交付金」（毎年5億円）が支給されます。本来、原発の設計寿命は30年と言われていましたので、それ

23　経済産業省資源エネルギー庁『電源立地制度の概要』パンフレット（2011年）より。

図7 135万kWの原発を受け入れた地域に与えられる電源三法交付金（億円／年）

出典：経済産業省資源エネルギー庁（2011）『電源立地制度の概要』より作成

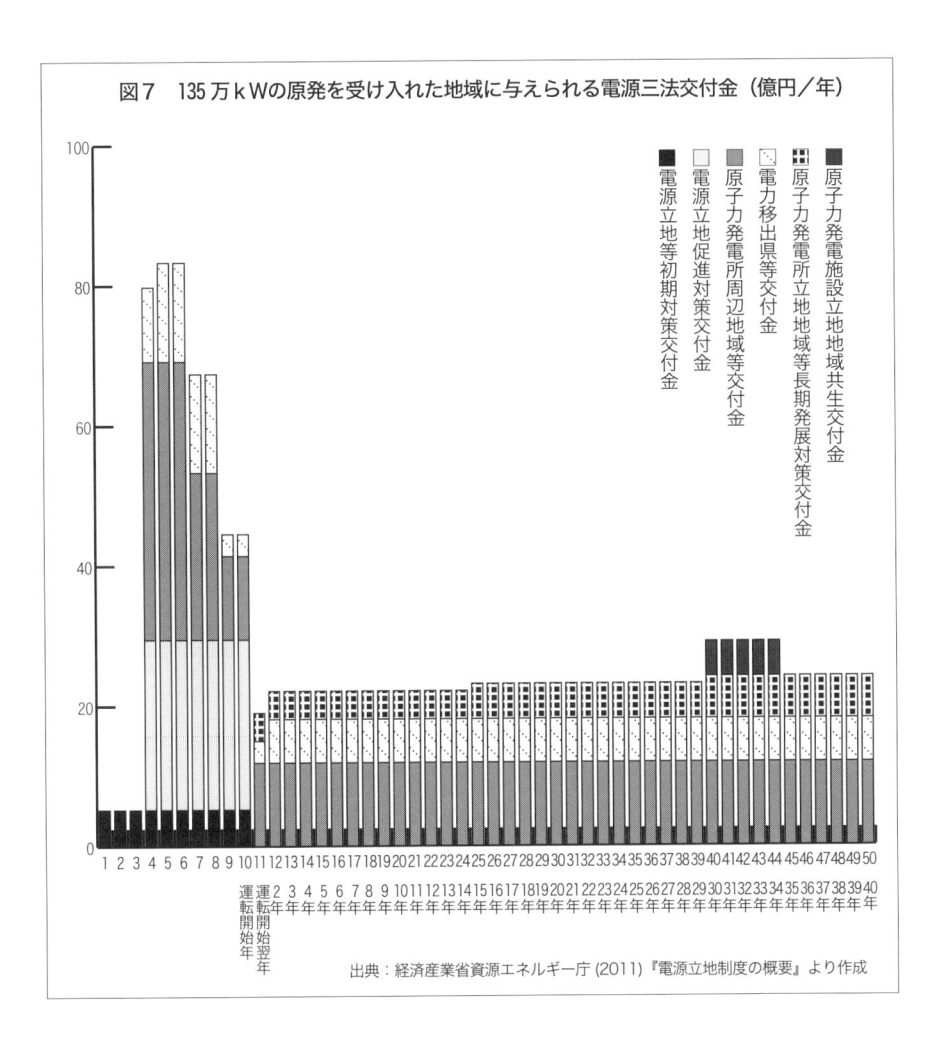

を超えて運転するための迷惑料の意味があるのでしょうか。

　次に、危険なプルサーマル運転を受け入れると割り増しです。プルトニウムをまぜたプルサーマル燃料（MOX燃料）という燃料を普通の原発（軽水炉）で使うと、制御がしにくくなると言われていますが、政府や電力会社は全国の原発でこれを進めようとしています。電力会社からの申し入れを受け入れた自治体には、翌年度から5年間にわたり毎年2000万円ずつ、周辺地域交付金相当部分に上乗せして交付されます。

　さらには、定期点検の間隔を延ばして長期間連続運転すると割り増しになる、という仕組みもあります。「新検査制度に基づく原子炉停止間隔の延長

に係る保安既定変更認可申請がなされた原子力発電所が所在する自治体」に対し、その申請年度（または翌年度）から5年間にわたり、毎年2000万円ずつが地元に与えられます。

　これらはどれも、原発が古くなっても、プルサーマルを利用しても、定期点検の間隔を延ばしても、安全性が全く変わらないのであれば不要だったはずの交付金ですから、危険性を制度が証言しているようなものです。お金を増やすから危険な橋を渡れというのはおかしな話ですが、実際にそういう仕組みなのです。

　また、交付金の中には発電量が減少すると減らされる項目もあります。長期発展対策交付金は発電量に、電力移出県等交付金は移出電力量（都道府県内発電量－都道府県内消費量）に応じて交付されますので、原発が止まると地元が困るようになっているのです。こんなものはすぐに無くすべきです。

　交付金はしばしば「麻薬」に例えられる仕組みですが、地元自治体が一定程度、この財源からの収入を組み入れて財政を組んでいることも事実です。ですからここでは、地元が原発の稼働についてもっと慎重に冷静に判断できるように、原発がたとえ止まっても交付金が支出されるような形に改革すべきです。さらに言えば、原発地元が原発からの「卒業」を決断できるようにするためには、古い原発が動いている間の交付金を減らすか無くし、原発が止まって（廃止措置の手続きに入って）はじめて、その自治体の財政・経済の軟着陸のための交付金が出るようにすべきです。

原発が動かなくても得られる税収

　実は、一部の自治体ではこういう発想が少しずつ実現に移されています。原発が動かなくても税収が入るようなしくみを導入し始めている所があるのです。

　例えば、福井県や石川県の核燃料税は、原発が止まっていても入る仕組みに変更されました。また、さきに見たように使用済み核燃料に対しても課税をしている自治体があります。

　電源三法交付金でも、原発が止まってから交付が続けられている例外的な事例がすでにあります。その筆頭は福島第一原発です。事故を起こしたこれ

らの原子炉群は本来、廃止措置の手続きに入ったことから交付金が支出されない決まりですが、枝野幸男・前経済産業大臣の判断で引き続き交付金が出されています。また、福井県の「ふげん」という実験的な原発もすでに廃止措置手続きに入っていますが、解体研究のためという名目で交付金が支出されています。こうした経緯から、福井県の西川知事は廃止措置が完了するまで交付金を出すべきだ、との考えを表明しています。[※24]

　私は個人的意見として、このような地元の考えを全国で応援すべきだと考えています。「これまでさんざん交付金をもらっておいて今更なにを」という意見もあるかもしれませんが、それは、福島事故が起こる前の、絶対に事故は起こらないからという前提での迷惑料でした。事故の後では、その前提が全く変わっています。これからの交付金には脱原発のために、脱原発が地元にもたらす激変の緩和のために、という視点が必要でしょう。

　エネルギー転換の激変緩和策にはすでに先例があります。日本は戦後の、石炭から石油へのエネルギー革命の時に、炭鉱が閉鎖されていく地域に対して地域振興の補助金や炭鉱労働者の再就職の支援を行ってきた歴史があるのです。[※25]

　私たちは電気の消費者として毎年3500億円ほどの電源開発促進税を負担しています（2010年度決算で3494億円）。その半分弱が原発地元への交付金となっています。このお金は、原発の建設が進まなくて使い道に困っているぐらいですから、これを脱原発を実現するための資金にすることは、たんに使い道を変えるだけの問題です。全国の人々が納得さえすれば、財政的に地元を支えることは、そんなに難しくないことなのです。

産業と雇用の問題

　むしろ難しいのは財政とは別個の産業と雇用の問題です。原発立地地域は豊かな自然があるので、農業・林業・漁業で食べていけるのではないか、と思われるかもしれません。でもそれだけでは、直接・間接に原発に関わる仕

24　読売新聞2012年7月7日。
25　参照：小池拓自「原発立地自治体の財政・経済問題」国立国会図書館ISSUE BRIEF、No. 767、2012年1月29日、pp. 9-10.

図8　福井県の原発直接雇用

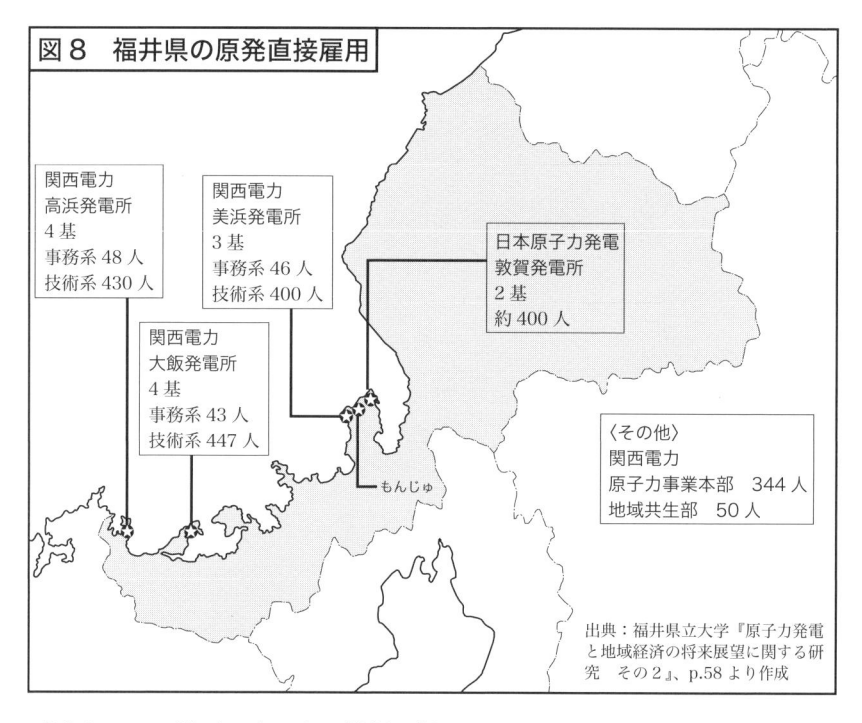

関西電力
高浜発電所
4基
事務系48人
技術系430人

関西電力
美浜発電所
3基
事務系46人
技術系400人

日本原子力発電
敦賀発電所
2基
約400人

関西電力
大飯発電所
4基
事務系43人
技術系447人

もんじゅ

〈その他〉
関西電力
原子力事業本部　344人
地域共生部　50人

出典：福井県立大学『原子力発電と地域経済の将来展望に関する研究　その2』、p.58より作成

事をしている地元の人たちの納得を得ることは難しいでしょう。

　福井県を例に話を進めます。福井県南部の若狭湾沿岸には関西電力の美浜（3基）、高浜（4基）、大飯（4基）の3カ所の原発と、日本原子力発電の敦賀原発（2基）、それに日本原子力研究開発機構のもんじゅ（1基）という、合計5カ所14基の原発があります。もんじゅは別にして、残りの4カ所では関西電力の正社員が400人程度、日本原子力発電が約400人[※26]ということです（図8）。この人数は、おおかた全国いずれの原発でも同様と考えられます。それ以外に協力会社（下請け）の人々が正社員の2～3倍働いています。さらに、民宿や飲食店、タクシー会社などが間接的に原発に依存しています。

　しかし、原発のおかげで地元経済が当初期待されたように発展したのかというと、必ずしもそうではないようです。福井県北部の原発から比較的遠い地域には、日本のメガネ産業の中心である鯖江など工業の拠点があるのですが、南部の工業立地は捗々しいものではありませんでした。山崎隆敏さん

26　関西電力については福井県立大学資料（2011）、日本原子力発電については電話質問で確認した。

表12　福井県市町村の製造品出荷額および人口の推移

市町村名	1965年		2001年		増加率	備考
	出荷額(億円)	人口(人)	出荷(億円)	人口(人)	倍	
敦賀市	232.7	54,508	1,247	68,236	5	原発立地
武生市	166.2	62,588	3,525	73,300	21	非立地
鯖江市	154.4	50,114	2,027	65,290	13	非立地
美浜町	4.2	13,358	46	11,576	11	原発立地
高浜町	5.4	10,773	55	12,101	10	原発立地
大飯町	2.8	6,080	14	7,021	5	原発立地
三方町	2.1	10,519	185	9,114	88	非立地
上中町	3.7	8,567	280	8,174	76	非立地
名田庄村	0.2	3,940	16	2,915	80	非立地

出典：山崎隆敏『福井の山と川と海と原発』（八月書館、2010年）p.119。ただし敦賀市の2001年出荷額は明らかな誤りがあったため訂正した。

（元越前市議）の調べによれば、原発導入前後を比べると、原発を受け入れなかった市町村では製造品出荷額が数十倍に伸びていますが、原発を受け入れた市町村の伸びは5～10倍程度でしかありません（表12）。原発の立地を起爆剤にして地元の工業が発展するということはありませんでした。

実は原発地元の産業の中心はいまや建設業とサービス業になっています。ただし、高度な技術が必要な原発中枢部の仕事は地元企業にはなかなか担えません。福井県の商工会議所の会頭は2006年に、福井県に原発が立地して40年近くになるのに原子力関連産業は1社も育っていないという発言をしました。また原子力に参入した地元企業の大半は孫請け以下で、建設業が6割、製造業はわずか4％ということです。わたしがもっと驚いたのは「原発の定期検査に参入できる県内の元請け企業はゼロだが、5年後に15社、10年後には30社にしたい」という発言です。地元企業は定期検査にさえ元請けとして参加できていないというのです。

それでも、電力会社が使うお金は地元にとって大きなものです。関西電力は毎年原発関連で1500億円の維持管理費を使い、175億円が地元の協力会社180社に回る、さらに職員らのタクシー代や飲食代で35億円ほどが地元に落ちる、ということです。そして、電源三法交付金を使った公共施設の建設が、原発そのものよりも、地元の建設業者にとって重要な収入源となっています。

27　日本経済新聞2006年6月7日。
28　若狭湾エネルギー研究センター・旭信昭理事長（当時）の発言。日本経済新聞2006年6月7日。
29　日本経済新聞2012年2月22日。

ですから、脱原発後の産業づくりもある程度はこうした現実に対応した建設的な見通しが示されないと、地元にとって将来への不安や、移行期の「痛み」にたいする不安はぬぐえないでしょう。逆に、原発一カ所あたり400人程度の代替雇用をもたらす産業が生まれる見込みがあれば、そこから希望が見えてくるかもしれません。

　実際には、欧米諸国では多くの原発が廃止措置に入り、すでに解体作業を終えた所もあります。そのような地域では、財政や雇用はどのようになっているのでしょうか？　それがわかれば、日本の原発地元にとっても何らかのヒントになるかもしれません。次章ではそうした実例を見ていきましょう。

Ⅲ 欧州諸国の原発地元に「原発閉鎖」は何をもたらしたか

——ドイツを中心にして

III 欧州諸国の原発地元に「原発閉鎖」は何をもたらしたか

ドイツの脱原発政策

　ドイツでは2011年にメルケル首相によって正式に脱原発方針が確定しましたが、じつはそれまでの政権によって、脱原発政策は着実に進められていました。メルケル首相は改めてそれを追認したに過ぎないのです。^(※30)

　1998年の秋の連邦議会選挙で社会民主党（社民党）と緑の党が勝利し、政権交代後すぐに本格的に脱原発政策を進めていきました。社民党と緑の党のシンボルカラーがそれぞれ赤と緑なので、「赤と緑」の連立政権と呼ばれます。彼らが政権発足直後から脱原発政策を実施に移すことができたのは、野党の時代から十分に準備をしてきたことの現れです。

　緑の党は即時、遅くとも5年以内に原発をゼロにするという立場でしたが、それに対して社民党のシュレーダー首相は、これまで規定の無かった原発の寿命を30年と決めて、寿命いっぱいまで運転を認める代わりに政府に対して損害賠償請求をしないように、という線で電力会社と交渉を進めました。そしてドイツ政府は電力会社との話し合いに正式合意し（2000年6月12日）、原子力法が2002年4月22日に改正されました。

　ドイツの原子力法は、日本でいう原子力基本法、原子炉等規制法、原子力損害の賠償に関する法律をひとまとめにしたほどの大きな法律です。日本の脱原発を考える方々にとって参考になるかもしれませんので、どのような法改正がなされたのかを箇条書きで紹介しておきましょう。^(※31)

（1）原子力法の目的を原子力の推進から「秩序ある終了」へと書き換えたこと、寿命いっぱいまでの稼働を認めたこと、および新規の原子力発電所の許可を禁止したこと（第1条（法律の目的）1項　「電力の商業的生産のための原子力の利用を秩序正しく終了させ、終了の時点まで秩序正しい

30　この経緯については、熊谷徹『なぜメルケルは「転向」したのか』（日経BP社、2012年）が非常にわかりやすい参考書です。
31　以下の文献を参照：朴勝俊「ドイツの環境・エネルギー政策（上）（下）－〈赤と緑〉7年間の実績と〈大連立〉の行方」『資源環境対策』2006年6月号（第42巻第8号）pp.79-86、7月号（第42巻第10号）pp.90-93／広瀬隆『恐怖の放射性廃棄物　プルトニウム時代の終わり』（集英社文庫、1999年）／山口和人「ドイツの脱原発政策のゆくえ」『外国の立法』（国立国会図書館調査及び立法考査局、244、2010年）。

稼働を保障すること」、第 7 条（施設の許可）「施設の建設は許可しない。これは重要でない変更に対しては適用しない」）。
(2) 各原発の寿命（法定運転期間）を 32 年に限ったこと（寿命は「各原発の 32 年分の発電可能量」として定め、早期停止した場合には発電可能量を他の原発に移転可能とした）（第 7 条 1a）。
(3) 使用済み核燃料の処理・処分は直接処分に限り、英・仏の再処理工場への輸送は 2005 年 6 月 1 日までに限られたこと（第 9a 条（1））。
(4) 合わせて、政府として従来の候補地（ゴアレーベン）での最終処分場建設を一旦停止し、透明な手続きで処分地選定と調査を行うとともに、原発運転者に対し原発敷地に中間貯蔵所を設置・利用するよう義務づけたこと（第 9a 条（1b））。
(5) 大事故時の第三者損害賠償措置額を従来の 2.5 億ユーロ（約 350 億円、当時のおよその為替レート 140 円/ユーロで換算）から 25 億ユーロ（約 3500 億円）に引き上げたこと（原子力賠償準備金令 Atomrechtlichen Deckungsvorsorge-Verordnung 第 9 条）。

　このルールは社民党・緑の党政権（1998〜2005）、保守党・社民党大連立政権（2005〜2009）のあいだ維持されました。しかし 2009 年秋の総選挙で保守党・自民党政権が成立した後、メルケル首相が 2010 年に原発の法定寿命をすべて 10 年以上延長させました。メルケル首相は原発を維持する立場だったのです。
　その後、福島事故を契機にメルケル首相の主導でドイツが脱原発政策に舵を切ることになりますが、その政策は旧来の社民党・緑の党政権の脱原発政策とほとんど同じです。ただし、福島事故直後に首相が停止を命じた 8 基はそのまま廃止となりましたので、この点については「加速された」と言えます。予定通りいけば、2015 年と 2017 年、2019 年に 1 基ずつ、2021 年と 2022 年に 3 基ずつ廃止され、ドイツから全ての原発が無くなることになります（表 13）。

表13 ドイツ原子力法に定められた原発の発電可能量　TWh＝テラワット時

原発名	2000年1月1日時点の残余発電量(送電端TWh)	商業運転開始年月日	閉鎖および閉鎖予定年
オブリヒハイム	8.7	1969年4月1日	2005年閉鎖
シュターデ	23.18	1972年5月19日	2003年閉鎖
ビブリスA	62.0	1975年2月26日	2011＊＊
ネッカーヴェストハイム1	57.35	1976年12月1日	2011＊＊
ビブリスB	81.46	1977年1月31日	2011＊＊
ブルンスビュッテル	47.67	1977年2月9日	2011＊＊
イザール1	78.35	1979年3月21日	2011＊＊
ウンターヴェーザー	117.98	1979年9月6日	2011＊＊
フィリップスブルク1	87.14	1980年3月26日	2011＊＊
グラーフェンラインフェルト	150.03	1982年6月17日	2015
クリュメル	158.22	1984年3月28日	2011＊＊
グンドレミンゲンB	160.92	1984年7月19日	2017
フィリップスブルク2	198.61	1985年4月18日	2019
グローンデ	200.9	1985年2月1日	2021
グンドレミンゲンC	168.35	1985年1月18日	2021
ブロクドルフ	217.88	1986年12月22日	2021
イザール2	231.21	1988年4月9日	2022
エムスラント	230.07	1988年6月20日	2022
ネッカーヴェストハイム2	236.04	1989年4月15日	2022
合　計	2516.06		
ミュルハイム＝ケルリッヒ＊	107.25		2001年閉鎖
総　計	2623.31		

＊ミュルハイム＝ケルリッヒ原発の残余発電可能量107.25TWhはエムスラント、ネッカーヴェストハイム2、イザール2、ブロクドルフ およびグンドレミンゲンB・Cに移転できる。
＊＊2011年に閉鎖された原発とは、福島事故直後に首相が停止を命じたもので、そのまま廃止措置となった。
出典：ドイツ原子力法(2012年2月24日改正)付録3、および渡辺富久子「ドイツにおける脱原発のための立法措置」『外国の立法（国立国会図書館及び立法考査局）』250 (2011.12)、pp. 145-171。2011年以前に閉鎖された原発は、閉鎖された年を各方面のwebサイトにて確認した。

ドイツ・グリーンピースの「チャンスとしての脱原発」

「赤と緑」政権で脱原発政策が進められていた2000年、ドイツ・グリーンピースという環境保護団体が「チャンスとしての脱原発」という報告書を発表しました。当時の政府が2020年頃の脱原発を決めようとしたことに対して、グリーンピースは「即時に脱原発すべきだ」との主張でした。その立場から、脱原発を行ってもCO_2削減目標は達成でき、しかもドイツ経済にとってもプラスになると論じたのです。(※32)

32　詳しい内容は、NGO e-みらい構想HP掲載の拙訳参照（http://e-miraikousou.jimdo.com/）。

具体的には、原発の寿命を35年とする「なりゆきシナリオ」（2010年までに原発の1割しか廃止されない）に対して、使用済み核燃料冷却プールが満杯になった原発や、20年の運転期間を経過した原発を閉鎖するという「脱原発シナリオ」が比較されます。20年というのは、世界的に閉鎖された多くの原発の寿命によっています。脱原発シナリオでは、省エネルギーの強化と再生可能エネルギー源の設置に加えて、需給ギャップの残りは建設期間の比較的短いガス火力発電所の追加によってまかなわれます。その結果、2000年から2025年までの分析対象期間の全体について、CO_2排出量を「なりゆきシナリオ」よりも13.5％、CO_2換算で11億トンも減らすことが可能である一方、経済的コストは800億マルク（約5.6兆円）も低下し、雇用は毎年2.5万人分の増加になると試算されています。

ドイツ電気事業連合会（VDEW）は当時、脱原発によって全国で約3万8000人の雇用が失われると主張していました。しかしこれは他分野での雇用の増分を差し引く前の数字であるうえ、原発がなくなっても他の仕事が続けられるような職業の人々も含められています。直接に影響を受ける人々は全国の原発に勤める約8000人の原発職員と、原発から原発へと渡り歩く2000～3000人の点検作業員に限られます。

それ以外の仕事をしている人々として、間接的被用者（発電所の協力会社職員、請負作業員、燃料サイクルおよび処理・処分関連の作業員）の他に、発電所とはほとんど関係のない、例えば原子力技術の輸出に関わっている約3000人の人々がいます。VDEWの情報によれば、3万7700人と称せられる原発関連職員のうち1万6000人が電力会社の指揮系統下にありますが、これらの人々の職場は必ずしも原発立地地域にはありません。他方、立地地域にあるパン屋や床屋は将来、原発がなくなってもその仕事を続けると考えられます。地元での直接的な原発従業員という定義の範囲を大きく広げても2万人に満たないであろう、ということです。

それを上回る雇用は全国的にみて再生可能エネルギー、省エネ、天然ガス火力発電の分野で生まれると考えられます。特に2000年当時、「赤と緑」政権が再生可能エネルギーの固定価格買取制度を強化し、それが急速な普及の追い風になりつつありました。ドイツでは2012年上半期の発電電力

量の25％がすでに再生可能エネルギーによってまかなわれていますが、当時はまだそんな予測ができなかった頃です（2000年の発電量に占める比率は6.4％）。それでも、新たな普及策の効果は風力や太陽光、バイオマスの分野で顕著に表れていたのです。[※33]

これは現在の日本と似た状況です。日本で2012年夏から固定価格買取制度が実施され、すでに急速な普及成果が現れてきているのです。

原発地元はどうするか

ただし、全国的にみて雇用がプラスになるとしても、原発が無くなる地元自治体の状況が改善するとは限りません。これについてグリーンピースの報告書は、「原発の事業所評議会と労働組合は脱原発がもたらす未来から目をそむけている。原子力施設のある自治体は原子炉の停止後に備えた準備をしていない。脱原発で失われる雇用と1対1で新たな雇用を保障せよという要求は非現実的なものである。（中略）個々の立地地域では、雇用問題についての十分な検討が必要である」と論じています。

ところで、ドイツには電源三法交付金のように、原発地元に利益を与える制度はありません。せいぜい、原発を運転する電力会社が支払う事業税があるだけです。ですから問題となるのは、主に地域の財政というより、経済・雇用の方です。

再生可能エネルギーなどが全国的に活況であるとしても、放っておけば、そうした雇用は原発地元ではなく、どこか他の場所に立地されるでしょう。しかし、これらを原発地元に引きつけるための対応をとれば、そこからチャンスが生まれます。少し長くなりますが、報告書から引用しましょう。

「原発の閉鎖が社会的に公正な形で進められるように戦略を立てることは政治の課題である。そこでは、地域の産業転換のアイデアが必要である。それぞれの原発には、原発施設の従業員を地域で雇用し続けるための様々な代案が存在する。再生可能エネルギーの分野では、ごく最近導入された再生可能エネルギー法（EEG）によって、すでにいくつかの産業部門で活況が生じ

33　バイオマスとは生物由来の再生可能な有機性資源のこと。例えば薪炭や木材廃物、稲わら等のほか、植物由来のアルコールや家畜糞尿等がこれにあたる。

図9 ドイツの原子力発電所

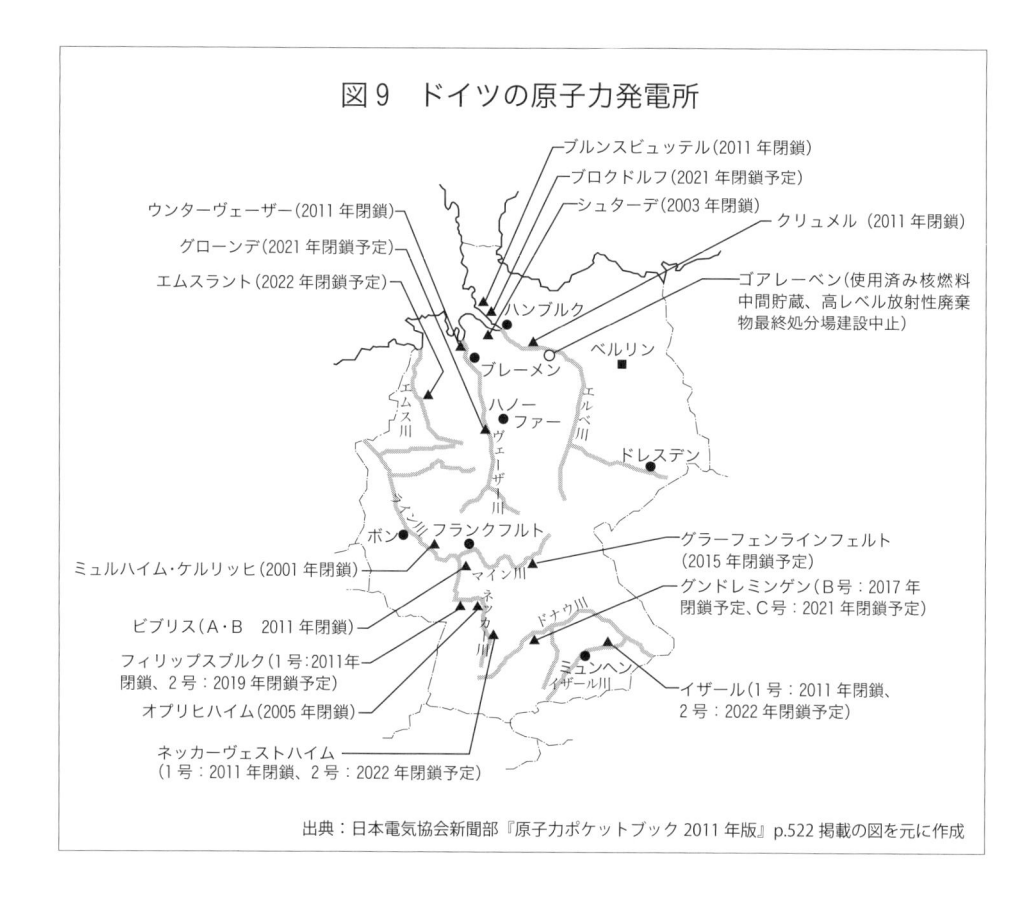

- ブルンスビュッテル（2011年閉鎖）
- ブロクドルフ（2021年閉鎖予定）
- シュターデ（2003年閉鎖）
- クリュメル（2011年閉鎖）
- ウンターヴェーザー（2011年閉鎖）
- グローンデ（2021年閉鎖予定）
- エムスラント（2022年閉鎖予定）
- ゴアレーベン（使用済み核燃料中間貯蔵、高レベル放射性廃棄物最終処分場建設中止）
- ミュルハイム・ケルリッヒ（2001年閉鎖）
- グラーフェンラインフェルト（2015年閉鎖予定）
- ビブリス（A・B　2011年閉鎖）
- グンドレミンゲン（B号：2017年閉鎖予定、C号：2021年閉鎖予定）
- フィリップスブルク（1号：2011年閉鎖、2号：2019年閉鎖予定）
- オブリヒハイム（2005年閉鎖）
- イザール（1号：2011年閉鎖、2号：2022年閉鎖予定）
- ネッカーヴェストハイム（1号：2011年閉鎖、2号：2022年閉鎖予定）

出典：日本電気協会新聞部『原子力ポケットブック2011年版』p.522掲載の図を元に作成

ている。これは、過去数年間の風力産業のブームに相当するものである。未来産業が原発立地地域の近くに立地するように、つまり脱原発で雇用の減少が見込まれる地域で新たな雇用が生まれるように、いま政治が方向性を定めるべきである。立地地域の責任者たちも、原発が閉鎖された後のことを考えて、地域の代替案を早めに検討すべきである。原発職員に明確な見通しを与えることができれば、脱原発の痛みもおおいにやわらぐことであろう。地域がなるべく早く改革を始めることによって、魅力的な雇用の代替案が実現するチャンスが大きくなる」。

　では、地域に見合った雇用のチャンスとはいったいどういうものでしょうか？　報告書では、なるべく原発の型式や地理的条件が異なる3カ所の原発地元を選んでケーススタディを行いました。

ビブリス原発はドイツ中部にあり、金融の中心であるフランクフルトに近く、経済的に繁栄した地域（ライン＝マイン地域とライン＝ネッカー地域）に電力を供給すべく建設されました。それに対してシュターデ原発はドイツ北部のエルベ川下流地域にあり、大都市ハンブルクに近く、エネルギー多消費型の新興工業団地の中核に位置します。イザール第一・第二原発はドイツ南部、バイエルン州ミュンヘンから少し離れた農業地帯にあり、地域をまたいだ電力供給を行っています。

原発解体による雇用

再生可能エネルギーやガス火力発電の話をする前に、原発の解体作業がもたらす雇用について触れておきましょう。グリーンピースは世界的に有名な反核・反原発団体ですが、この報告書では原発の解体作業でかなりの雇用が生まれると論じています。つまり、解体作業を進めることには賛成なのです。それに対して日本では、原発に反対して「すぐに廃炉にせよ」と求めている人たちの中にも、解体には被曝労働の問題や、放射線を出す解体廃棄物の行き場の問題があるため、解体すべきではない、と論じる人が少なくありません。

ここでは、原発解体の是非には立ち入りません。ただ「廃炉」という言葉の曖昧さについてだけ、指摘しておきます。

廃炉とは「廃止になった原子炉」を意味する言葉のようですが、法律や行政文書に定義のある言葉ではなく、正確な意味がわかりにくい言葉です。「すぐに廃炉にせよ」と言っている人たちは、正確には何を要求しているのでしょうか。原発の運転を終了させ、もう動かさないことを廃炉というのでしょうか？　それともすぐに解体作業を終わらせろということなのでしょうか？　解体事業のことが「廃炉ビジネス」と呼ばれることもありますので、そこから類推して「廃炉＝解体」と私は考えていたのですが、各地で以前から反原発活動を続けて来られた方々とお話すると、「解体」には反対という人が何人もおられました。ですから「廃炉」という言葉を用いて正確な議論をすることができません。

そのため、私は「廃炉」という言葉を使わないようにして、意味が明確な言葉を使うようにします。ある原発の運転終了から原発を取り壊して更地に

する一連の手続きのことは、公式に「廃止措置」と呼ばれています。原発を取り壊す作業を「解体」、解体廃棄物を持ち出して更地にすることを「撤去」と呼ぶのが正式なので、私もこれにならいます。さらに、主に諸外国の原発について、新聞報道などでは運転を終了して廃止措置に入ることを「閉鎖」と呼ぶことがあります。公式な用語ではありませんが、曖昧さが少ないので、本書でもこの用語を用いることとします（廃止措置について第IV章で改めて詳しく論じます）。

グリーンピースの報告書によれば、原発の閉鎖後もすぐに全ての職員が不要となるわけではありません。安全上の理由から、解体終了までに15年から45年にわたる長い時間がかかり、かなりの労働力が必要とされます。

報告書によれば、ドイツにおける廃止措置の方式には即時解体と、約30年の安全貯蔵の後に解体するという2種類があるとされています。ヴュルガッセン原発（ノルトライン・ヴェストファーレン州、1997年閉鎖）の場合のように即時解体が選択されれば、まず運転停止後の2～3年は375人～450人が仕事を続けます。解体が始まると、職員の数は150人程度に減少しますが、50～350人の外部職員が必要となります（協力会社）。安全貯蔵の場合には、約1年間の貯蔵期間に250～450人が働き続けますが、その後は監視員だけが必要となります。そして、30年後に始まる解体作業で再び50～550人が必要とされるのです。

地元の雇用政策の観点からみれば即時解体の方が魅力的のようですが、この方法には2つの大きな問題点があります。第一に、30年寝かせた後の方が、すぐに原発の全体を解体するよりも放射線量が低くなります。第二に、貯蔵をする費用が安くて解体費が同じくらいならば、30年後に解体費用が発生する場合には、そのお金を預金しておいて利子を稼ぐことができるのに対し、即時解体だと今すぐにお金を使わないといけません。ただし、安全貯蔵の場合には、退職者に対する年金や退職一時金などのお金がすぐに必要となり、それがかさんでくる可能性もあります。

---

34 「原子炉廃止措置に係る国の考えと安全規制（05-02-01-01）」原子力百科事典ATOMICAホームページ参照。また、（公）原子力安全技術センターが「原子力発電所のはいしそち（廃止措置）ってなあに？」という子ども向けのHPを用意しています。

シュターデ原発の地元の雇用見通し

シュターデ原発では、当時、約350人の正規職員と、協力会社の従業員約100人が働いていました。正規職員の内訳は約70人の工学者、物理学者、化学者、約75人の技術職員と資格のある職員（マイスター）、約160人の専門職員、約15人の非熟練職員、そして約35人の経営職員ということです。協力会社の職員は主に資格水準の低い点検・清掃分野の職員です。

シュターデ原発に対する納品を行っていた地域が、原発周辺のどのあたりにまで及んでいたのかについては、はっきりと画定することができません。他の原発の資料によれば、協力会社への注文額のうち約20％、年間約1400万マルク（9.8億円）がその地域に落ちていたと推定されます[※35]。もしこれがシュターデにもあてはまり、その50％が地域の付加価値額であり、そのうち80％が賃金・俸給であるとすれば、間接的に原発の運転に依存する労働者の数はおよそ50〜80人と考えられます。つまり、10億円の半分のさらに8割は4億円となり、1人の給料を500万円とすれば80人、800万円とすれば50人の雇用に相当する、という計算です。

シュターデ原発の閉鎖によって500〜5000人の雇用が失われるという議論が当時なされていましたが、これは大げさすぎる話です。地元には原発に依存していない職場もたくさんあるのですが、5000人もの雇用がなくなるためには、これらのほとんどが原発閉鎖によって失われなければ勘定が合わないのです。原発閉鎖によって職を失う人々は、主に原発職員と、直接的に原発で働く協力会社の職員にとどまると考えられます。そのような人々も、もしそこに住み続ける限りは、新たな職場を見つけるか、早期退職するか、失業手当を受けるかして、ある程度の所得を得て、それを地域内で支出すると考えられます。ですから、ほとんどの職場が無くなるということは考えにくいのです。

この地域にとっての第一の選択肢は、地域・地方の工場に対して電力を供給できる、約50万kW程度のガスコンバインド火力発電所（後述）を建設

35　本書では1990年代末頃の為替レートを元に、当時の1マルク≒70円として計算しています。

することです。原発は発電所なので、変電・送電設備が整っていますので、新しい発電所を設置するのに適しています。ガスコンバインド火力発電所は固定費用が安く、フル出力に達するまでに要する時間が短いことから、国内での風力発電の拡大や、洋上風力設備の急速な建設にもうまく組み合わせることができます。このような発電所を運転するには、およそ50人の常勤労働者が必要となると考えられますが、原発の職員がこの仕事に就くのがふさわしいと論じられています。

シュターデは北海に向かうエルベ側の河口にあることから、当時は生まれたばかりの5000kW級の巨大洋上風力発電機の工場を建設することも一案とされました。この規模の風力発電機は、タワーの高さ100m以上、羽根の回転面の直径が120m以上、羽根一枚の長さが60m以上という巨大なものです。このような巨大部品は陸上輸送が難しいのですが、シュターデでは河岸の工場で生産して、すぐに専用港から大型船に積み込めば、北海やバルト海の建設現場まで問題なく輸送できますし、世界中に輸出することも可能です。毎年およそ100基を生産するとすれば、従来の1500kW級風車の生産の経験から、およそ1000人の労働力が必要となるとの推定です。作業をどこまで地元で行うかによりますが、地元の雇用は500〜1000人が見込めます。

この地域に風力発電機工場が誘致できれば、閉鎖される原発の職員の大部分はエネルギー分野で新たな雇用を見いだせます。原発職員の他にも、高い専門技能を持った人々がたくさんおり、その中には失業中の人も少なくないので、よい人材を集めることが可能であろう、そのように論じられました。

ビブリス原発の地元の雇用見通し

ビブリス原発の地元には2基の原発があり、約880人の職員が働いていました。シュターデと同様の内訳で、様々な職種の人々が働いていたと考えられます。

ビブリス原発の敷地にもガス火力発電所を建設することが提案されています。発電所の数と規模にもよりますが、新たな発電所の運転のために50〜150人の雇用が生まれるとみられます。この原発はライン＝マインおよび

ライン゠ネッカーと呼ばれる工業集積地域に位置していますので、新規の発電所の一部を工業用ガス・コージェネレーション設備にすることも一案です。これに伴う雇用はビブリスの現地だけでなく、マンハイム、ルードヴィヒスハーフェン、フランクフルトやダルムシュタットといった工業都市・商業都市で多く生まれると考えられます。

ビブリスではシュターデと違って、風力関連の工場が立地するメリットはあまりありません。しかし、工業の中心地にあることから交通の便がよく、エネルギー分野で高水準の訓練を受けた人材もいるため、新たなエネルギー技術の分野で企業を誘致できそうです。

地元の雇用創出の見込みは、次のようなものです。

1. ガスコンバインド火力発電所の建設によっておよそ50〜150人の雇用。
2. 太陽電池工場の建設によって、およそ60人の雇用。
3. 原発の閉鎖・解体拠点の建設によって、約100人の雇用。
4. ガス火力発電所の建設需要が増加することにより、マンハイムに位置するガスコンバインド発電所およびガス・コージェネレーション発電所のトップメーカーにおいて、さらに500〜600人が職に就くことができる。

ビブリス地域はドイツでも最も日照条件がよく、高い資格を持った人々がいることから、太陽電池やソーラー設備の工場の立地に有利です。当時は、年間生産量25MWの工場が競争力のある太陽電池を生産できるだろうと考えられました。この規模の太陽電池工場の総投資額は4000万マルク（28億円）を超えます。ゲルゼンキルヘン（ドイツ北西部）にあるシェル社の太陽電池工場と同様に、ビブリスでも60人前後の新たな雇用（その多くは太陽電池工場の事務職員）が見込まれます。

次の選択肢は、原発の解体拠点の設置です。この施設はドイツの原発の解体ビジネスのインフラ的役割を担うものです。特にビブリス原発の工学者、物理学者、化学者、技術者にとっては、解体措置の計画と評価の分野でおよそ100人の職場が生まれると考えられます。ビブリスA原発はドイツの標準的な原発とされていますので、ドイツ全体の標準的な解体作業を提案する

上でも有利です。

それ以外にも、ビブリス原発の従業員は工場の集積地域に住んでいますので、再就職のチャンスは様々にあると考えられました。

イザール原発の地元の雇用見通し

イザール第一・第二原発は、南部バイエルン州のエッセンバッハという小さな町にあり、当時約720人が働いていました。

この地域は新世代のエネルギー技術（巨大風力発電や太陽光発電）の生産拠点の立地に向いてはいません。しかし農業地帯であることからバイオマス利用に強みがあります。バイエルン州はドイツの中でもこの分野のパイオニアであり、原発の周辺地域ではこの分野で活躍している企業が当時からありました。エッセンバッハにとっては、バイオマス関連の部品生産と運転保守を行う大型工場の誘致が一案です。このような工場は当時、ドイツにもありませんでした。エッセンバッハはバイエルン州南部の中心にあり交通の便もよく、バイエルン州内の各地に商品を配送できます。地元では大型工場の建設によって300～400人の雇用が見込まれ、とりわけ、経営の資格を持つ人材や、技術者、工学者、営業職の人材が求められると考えられました。

他には、自動車用の燃料電池技術の研究開発拠点の誘致という案も出されました。研究開発拠点には特に工学者、物理学者、化学者などおよそ100人の雇用が見込まれるとされました。当時、著名な自動車メーカーが付近の工場で水素自動車の小規模生産を行う予定でもありました。

このように、この地域では積極的な構造改革によって400～500人の新規雇用が期待されました。原発職員の年齢構成を考慮し、退職金や年金など社会保障の観点からも注意深く配慮しながら廃止措置を進めていくことによって、これまで原発で働いていた従業員は全員が新たに職に就くことができるだろう、と考えられました。

ドイツにおける脱原発地元の現状

ドイツ・グリーンピースの報告書は2000年当時の提案でしたが、それからすでに10年以上が経過しました。現在、ドイツの原発地元の経済はどの

Ⅲ　欧州諸国の原発地元に「原発閉鎖」は何をもたらしたか

ようになっているのでしょうか。上述の3地域については詳細な取材がいまだ見られませんが、それ以外の地域では本格的に各地の原発の廃止措置が進められ、中には解体・撤去を終えたところもあります。

　朝日新聞の福井版で2012年の1月1日から1月8日にかけて、ドイツ、フランス、スペインで原発の廃止措置を行った地域を山田理恵記者が取材した優れた報告が連載されましたので、ここではその内容を紹介します。

　グライフスバルト原発は旧東ドイツ地域で1970年代に建設された旧ソ連型の原発でしたが、安全性が確保されないと考えられ、ドイツ再統一後の1990年に閉鎖となりました。その後、政府が100％出資した「北部エネルギー会社（EWN）」が廃止措置を行い、現在では新エネルギー産業の拠点に生まれ変わっています。約30社が進出し、当初見込みの800人を上回る1100人の雇用を生み出しました。その過程で国から5500万ユーロ（当時約80億円）の補助を受け、インフラを整備し、さらに労働者のための職業訓練を行いました。

　次ページの図10はこの原発のタービン建屋でタービンを解体する前の写真、図11が解体中の写真です。そして、図12がタービンを解体したあとの現在の姿です。ごつごつしたタービンや配管はすっかり姿を消し、巨大な洋上風力発電設備の工場に生まれ変わりました。この工場は全長1.2km、高さ30メートルの巨大なものです。原子炉冷却水の排出口は専用港に改造され、製品は大型船で欧州各地へと運ばれています。これは、先にみた、シュターデ原発の地元に対するドイツ・グリーンピースの提案そのままの姿です。

　実はこの原発の解体工事はいまだ完了していません。日本テレビの番組「活断層と原発、そして廃炉―アメリカ、ドイツ、日本の選択―」（BS日テレ、2013年2月3日放送）で全国に放映されたように、放射線の管理区域ではいまでも解体作業や材料の除染作業が続けられています。つまり、解体作業をしている原子炉建屋を封じ込めて、その隣のタービン建屋が風力発電機工場として、すでに商売をしているというわけなのです。

　それだけではありません、敷地の南にある建物は、元々は原発用の金属資材をつくる工場でしたが、いまでは菜種からバイオディーゼル燃料を生産す

図10（写真上左）解体前のグライフスバルト原発のタービン建屋
図11（写真上右）解体中のタービン建屋（写真2点とも、撮影／北部エネルギー会社〈EWN〉、写真提供／朝日新聞社）
図12（写真下）タービン建屋は巨大な洋上風力発電の支柱を作る工場に生まれ変わった（6枚の写真を合成しているため、魚眼レンズを通してみたように見えるが、実際は直線状の配置になっている。写真提供／朝日新聞社）

　る工場に生まれ変わっています。ちなみに、残りかすは家畜のえさにするそうです。
　工場で働く人々の余暇のために、港には2007年にヨットハーバーがオープンしましたが、一般の利用者にも人気でキャンセル待ちの状態だとのことです。その港の隣には、ロシアから天然ガスを運ぶ全長1224kmの海底パイプラインの終着点が作られました。2011年11月にロシアのメドベージェフ大統領（当時）が訪れ、開通の記念式典が行われたとのことです。ガスは年間550億立方メートルが、少なくとも50年間送られてくることになっており、原発の送電線を利用した天然ガス発電所の立地計画も持ち上がっています。
　原発地元のルプミン村（面積1387ha、人口約2000人）は、原発から西に4km離れた所にあります。「閉鎖当時は、雇用がなくなって村の人口も減ると不安もあった。でも、そうはならなかった」という、村長代理の方の言葉

が紹介されています。原発閉鎖から20年間で人口が300人増え、海沿いにホテルを開業して成功している人もいます。

　原発から南西約20kmにあるグライフスバルト市は少し様子が違うようです。ここは創立555年の伝統を持つ有名な大学のある都市ですが、この20年間で人口が2万人減り、5万5千人ほどになりました。旧東ドイツから西側に人口が流出した結果で、原発の閉鎖もその一因と考えられます。しかしこの町で建築会社を設立し、原発解体関係の仕事をきっかけに事業を拡大させた元原発技術者のエンゲルマンさん（60）の話は傾聴すべきものです。彼は「原発しかない地域になるよりはましだよ。原発に依存していては、新しい産業が育たない」と述べています。現在、彼の会社は年間約10億円の売上をあげ、140人の従業員を雇う規模にまで育っているということです。

　原発解体で出た廃棄物およそ180万トンのうち、放射性の廃棄物は9.5万トンです。そのための中間貯蔵庫が1995年に作られ、この中で保管されています。原子炉圧力容器の部品などは放射能が強いので、50〜70年間保管し、その後に最終処分場に行く予定です。それ以外は除染（洗浄）され、放射線が測定され、法定基準を満たしたものは測定者名や解体工程を記した詳細な報告書をつけて市場に販売されるとのことです。最終処分地へ運ばれる廃棄物は約1万トンと見積もられています。ただし、最終処分地の場所は未定です。

　ちなみに、この原発では閉鎖前（旧東ドイツ時代）に約5000人が働いていましたが、閉鎖後に2千人が残り、EWN社に再雇用されました。原発で働いていた技術者が原発のことを一番よく知っているので、解体作業でも重要な役割を担います。また、これまでにEWN社はロシアの原子力潜水艦の解体を約900億円で受注したり、東欧諸国から原発解体コンサルタントの依頼も相次いでいるとのことです。

フランス──高速増殖炉を閉鎖した村の現在

　同じ連載記事ではフランスの事例として、高速増殖炉スーパーフェニックス（SPX）の現場を取材しています。日本には「もんじゅ」という名の高速増殖炉が福井県の敦賀市にあります。高速増殖炉とは、プルトニウム燃

料を生み出しながら発電をすることを目標に、第二次大戦直後から技術開発が進められてきた原発ですが、いまだにどこの国も実用化に至っていません。もんじゅが実験炉（28万kW）であるのに対して、SPX（124万kW）はもう一段階先の、経済性を確認するための実証炉でした。1977年に発注され、1985年に核分裂連鎖反応（臨界）に成功しましたが、トラブル続きで12年の運転期間の稼働率は7％に過ぎず、1998年に政府が「費用が高くつき、技術的成果も不確か」として閉鎖を決めました。

周辺自治体は「地域が衰退する」、「雇用が失われる」として猛反対したといいます。SPXのあるクレイメビュー村（人口1300人）でも、閉鎖に反対する運動が起こり、記事によれば、記者が取材したSPXに反対していた家の前には「ガラス瓶の破片がまかれ、『銃で殺す』と書かれた脅迫状が届いた。近所の道路に『原発に反対するものはロウソクで暮らせ』と落書きされた」といいます。

しかし嫌がらせは2年ほどで収まりました。地域経済が活発になってきたためです。現在、SPXは住民同士の争いなどなかったかのように、着々と解体されていると伝えられます。

政府とフランス電力公社（SPXの所有者）は、閉鎖に伴って下請け企業が流出して失業者が増えるのを防ぐために、5年間で計7500万フラン（約12億2000万円）を拠出しました。そしてこれを、失業者を雇う企業への補助金や職業安定所の開設にあてました。また、SPXのために住宅や道路、学校を整備した自治体の借金も肩代わりしました。

閉鎖に対する反対運動が強かった隣接自治体のモレステル市では、商店街組合長ラビさん（59）の話では、「閉鎖には今でも反対だ。最新技術を捨てるなんてもったいない。ただ、地域経済は良くなった」とのことです。経済が好調だったリヨン市（SPXから約60km）の人々が、道路や住宅が整備され環境のよいこの地域に移住してきています。周辺19自治体でつくる共同体は当初、1200人の失業者が生まれると推定していましたが、実際には政府の経済対策によって1600人分の雇用が生み出されたと言います。共同体の人口は閉鎖当時から6000人増え、2万8000人となった、ということです。

Ⅲ　欧州諸国の原発地元に「原発閉鎖」は何をもたらしたか

スペイン──収入の３割を原発関連に頼っていた村の未来

　スペインについては、この国最古のホセカブレラ原発の事例が紹介されています。これは首都マドリードから東へ 120km の乾燥地帯に立地する原発で、37 年の運転の末に 2006 年に閉鎖されました。

　立地するアルモナシッド・デ・ソリタは人口 830 人の小さな村で、12 世紀からの歴史があります。運転中、ソリタを含む周辺 13 自治体には毎年計 200 万ユーロ（約 2 億円、取材当時の為替レート）の交付金が入っていた、といいます。スペインには日本に似た交付金制度があったようです。さらにソリタは固定資産税と事業税の収入を計 60 万ユーロ（約 6 億円）得ており、原発からの収入は村全体の収入の 3 割に達していました。現在、原発関連収入は固定資産税の 40 万ユーロだけですが、解体が終了すればこれが無くなってしまいます。ドイツやフランスでは廃止措置に 30 年程度の時間がかけられますが、このホセカブレラ原発の場合は、廃止措置が早急なことが特徴です。2006 年に閉鎖されてから、2015 年末には更地にする予定ですが、まだ跡地の利用方法は決まっていません。

　ソリタ村は 1997 年に、原発閉鎖を見越した地域振興計画を練っていました。工業団地を整備して企業の立地を促進するための補助金を用意する一方で、マドリードから観光客を呼び込むため、近くのダム湖にボート乗り場を作り、一帯の山の登山道を整備したということです。これらの財源はすべて、原発からの収入を活用しています。副村長のガブリエルさん（50）によれば、市民からは原発のお金を大型体育館の建設や地元の祭りに使うよう求められたこともあったそうですが、「それでは村が続かない」と説得したとのことです。まだまだ計画は不十分で、もっと投資家を呼び込める方法を考えなければと知恵を絞っています。この人にとって村の役職はあくまでボランティアで、本業は原発技術者です。それでも「原発は永遠じゃない。しかも事故が起これば即閉鎖だ。原発が無くなった後の村のことを考えておくのは政治家の務めです」と言い切っています。

Ⅳ
日本における原発地元の活路

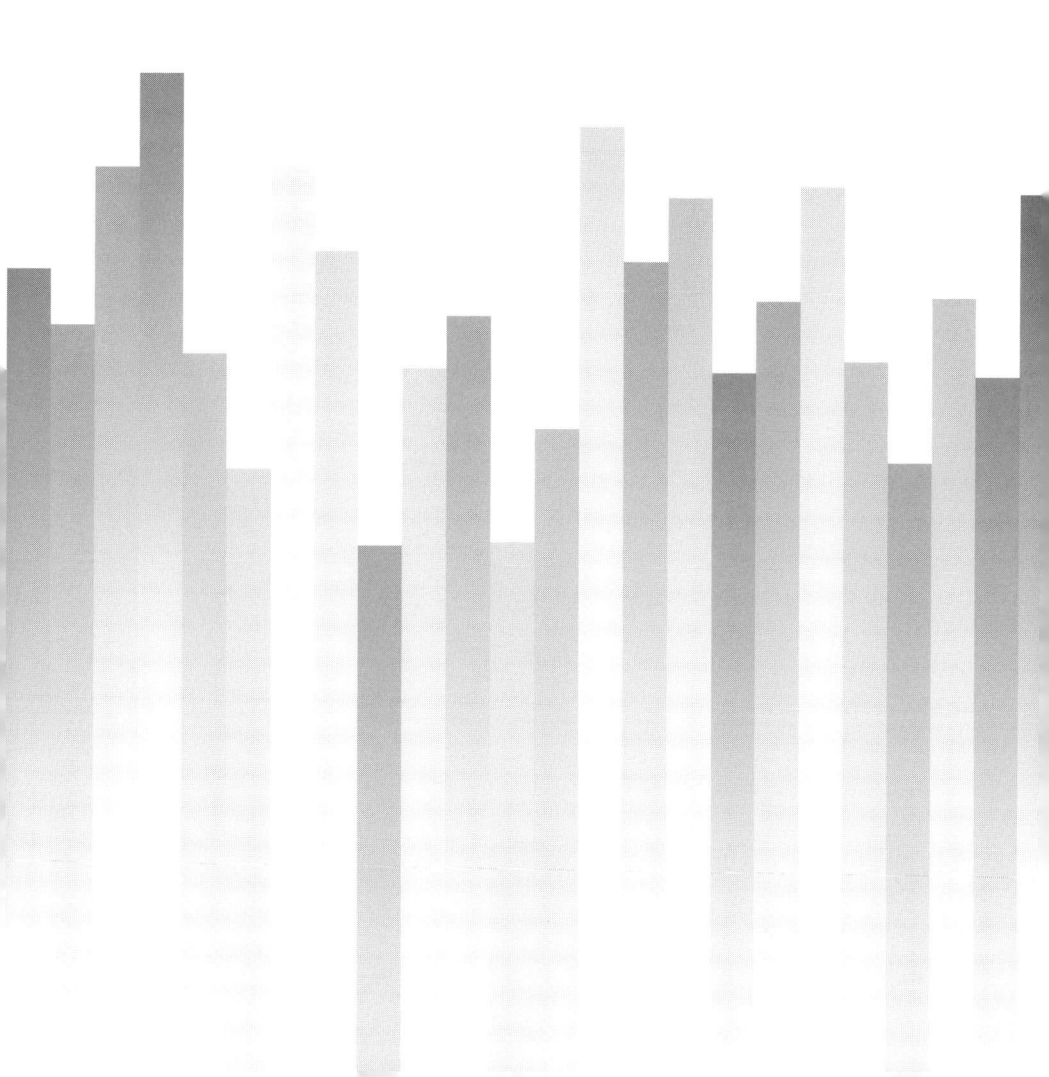

Ⅳ　日本における原発地元の活路

新たな雇用が生まれる分野

　日本の原発はそのほとんどが、県庁所在地などの大都市から離れた所にあります。本来、そうした地域では主に漁業や農業が営まれていました。多くの場合、現在でも豊かな自然に恵まれた、一次産業に向いた地域と言えるのではないでしょうか。こうした地域では、農産物・水産物を加工して付加価値を高めて販売する、というような事業が有望かもしれません。そのようにして町おこし、村おこしをしている地域は全国的に見られます。ただ、脱原発によって不要とされるかもしれない数百人、あるいは千人を超える人々に新たな雇用の場を確保することは、農業・漁業を取り巻く全国的・国際的状況を考えても、一次産業だけでは必ずしも簡単ではないと思われます。

　原発地元では独特の産業構造が形づくられています。まず道路・港湾などのインフラは比較的充実し、原発に付属する変電・送電関連の設備は高水準のものが存在しているはずです。しかし原発地元に競争力のある製造業の生産拠点が立地される、ということはあまり無かったようです。他方で、原発関連の工事や電源三法交付金等による公共施設の建設などの効果で、土木・建設業に従事する人々の比率が高くなっています。かつて農・漁業を行ってきた人々の中に、時期によって原発関係の仕事をする人々のための民宿を営んでいる人も多く見られます。

　全国の各原発地元で、こうした産業構造には共通点と差異があるでしょう。それぞれの地域の方々がみずから、原発の運転が終了した状況を想定して、世界と日本における地元の地理的・経済的位置づけや産業構造を検討し、地元の長所を見いだし、新たな産業を興していくことが必要となるでしょう。その際、できる限り外部の資本に依存・従属しないやり方、産業活動の成果が地元の収入となるようなやり方を見いださなければなりません。

　ドイツやフランスの事例から参考にできるのは、原発解体に伴う雇用が相当程度生まれること、再生可能エネルギー産業が新たな地場産業となり得ること、既存の原発の設備を大型のガス火力発電所に活用しうること、などです。一部の自治体では、原発閉鎖に伴う産業構造の転換を進め、そのショックを和らげるために、政府が一時的に補助金を給付して、インフラ建設や労

表14　原子炉廃止措置の分類比較

	日本の分類	IAEAの分類*	米国の分類**
基本的分類	密閉管理	ステージ1 （監視付き貯蔵）	SAFSTOR （安全貯蔵）
	遮へい隔離	ステージ2 （制限付き敷地解放）	ENTOMB （遮へい隔離）
	解体撤去	ステージ3 （制限なし敷地解放）	DECON （即時解体）
バリエーション	安全貯蔵－解体撤去		
	密閉管理－解体撤去		
	遮へい隔離－解体撤去		

* IAEA T .RS No. 351、** RGuide 1.184（July/2000）
出典：日本原子力産業会議『原子力ポケットブック2003年版』（2003年8月）、p.264

働者の職業訓練、雇用支援を促していました。もちろん、外国の事例が全てうまくいっているとは言えませんし、そのまま真似できるものでもありませんが、同じ課題に早く直面している地域の事例から学べることはたくさんあるはずです。

　本章では、原発解体、再生可能エネルギー、ガス火力発電、という3つの可能性について、もう少し掘り下げて考えていきましょう。

廃止措置

　原子力安全基盤機構が2009年に出した報告書によれば、発電用原子炉については、これまで日本を含めて122基が運転を停止し、そのうち解体撤去中が30基、解体撤去完了が15基となっているとのことでした（2009年3月末現在）。このうち、完了したもの（原子炉が完全に撤去されたもの）は、アメリカ12基、ドイツ2基、日本1基（JPDR）[※36]でした。その後、福島第一原発や2011年に閉鎖されたドイツの8基を含め、2012年3月時点で136基が廃止措置に入っています[※37]。

　廃止措置にも様々な段階や方法があり、国際的にもいろいろな用語が用いられています（表14）。ATOMICA（高度情報科学技術研究機構HP）では「廃止措置はいしそち decommissioning　原子力施設の利用終了後に行われる解体、撤去、汚染除去、廃棄物処理等のすべての措置を総括的にいう。原子炉施設の場合には通常、工程が次の3ステージに分類されている。

36　Japan Power Demonstration Reactor の略で、日本原子力研究所（現・日本原子力研究開発機構）の「動力試験炉」のこと。電気出力12.5万kWで、初発電は1963年。
37　ATOMICA（高度情報科学技術研究機構HP）、2012年3月付け記事による。

表15　廃止措置の費用

原発（出力：万kW） 廃止措置期間	費用
東海1号（16.6） 延期され2020年頃迄	930億円（解体350億、廃棄物580億）
ふげん（16.5） 2006〜2028	750億円
浜岡1-2号（計138） 2008年〜	当初2基で900億円と言われていたが、現在「1基につき1000億円」とされる。
電気事業連合会資料(2004)のモデルプラント(110)	544億円（解体367億、廃棄物168億）

出典：日本経済新聞の過去の記事や原子力安全基盤機構（2009）を参考に筆者作成

　(1) 密閉管理：燃料搬出後、原子炉施設を閉鎖し、環境監視を行う。(2) 遮蔽隔離：放射化されている部分を強固な遮蔽壁の内部に封じ込め、点検管理し、外側敷地は使用する。(3) 解体撤去：施設を解体し、放射化物は遮蔽容器に封じて管理し、敷地を再利用可能な状態にする。どのステージをもって廃止措置の終了とするかについて国際的合意はないが、日本も含め、ステージ（3）まで実施する方針の国が多い」と説明されています。ドイツの事例でも説明しましたが、即時解体の場合には5〜10年で完了、安全貯蔵（密閉管理）や遮へい隔離の後に解体撤去をする場合には30年以上がかかります。

　廃止措置には1基あたり数百億円の費用がかかると考えられています（表15）。これは建設費の数分の一にあたる大きなものです。この費用を原発の運転中に積み立てておくために、1989年に「原子力発電施設解体引当金制度」が整備され、いまも電気事業者が原発の稼働に応じて廃止措置費用を積み立てています。引当金は電気料金に組み入れられ、すでに電力消費者の負担で積み立てが行われています。「原発を閉鎖すると、そのとたんに廃止措置の資金を用意する必要が出てくる」という人がいますが、それは必ずしも正しい理解ではありません。[※38]

　しかし、欧州諸国の事例で見たように、原発地元にとっては数十年にわたる廃止措置を通じて、解体作業に携わる建設関連会社などの仕事や、労働者の雇用の場が生まれる可能性があります。原発が閉鎖されるとすぐに地元から原発関連の雇用がゼロになると考える必要はありません。

38　ただ、すでに稼働30年を超えた17基のうち、14基で積み立て額が総額659億円も不足することが、中日新聞の調査で明らかにされています（中日新聞2012年6月29日）。その理由は原発運転の不振などです。現在、経済産業省は閉鎖が決まった場合や運転停止中でも資金が積み立てられるよう制度改正に着手しています。

原発解体の是非

ただし、日本では原発解体に対する合意がありません。政府は全ての原発を解体・撤去する方針を明示していますが、一般市民の多くはこれに伴う問題について知らされているわけではありません。他方、反原発・脱原発運動で中心的な役割を担って来た方々の中では、解体に反対する意見が強くあります。これについて議論しておく必要があります。

反対意見は、解体作業員が放射線に被曝する、解体廃棄物の行き場がない、放射能に汚染された材料が流通して健康被害をもたらすおそれがあるなど、いずれも根拠のあるものです。他方、解体を求める意見として、使い終わった原発を置いておいて、地震や津波で壊れた時に放射能が漏れることはないのかという懸念と、解体撤去すれば専用港や道路、送電設備などが活用できる便利な跡地が残り、新たに工場や発電所が建てられることなどがあります。

政府の方針では、他の主要国と同様に、全ての原発を解体し、解体廃棄物を処分場に移して跡地を利用することになっています。それに対して私には現時点で解体の是非を断定することができませんが、判断材料となる事実を提示して、読者の皆さんと考えたいと思います。

まず、作業員の被曝について確認します。日本ではJPDRという実験炉がすでに解体された経験があります。解体作業の中心役を担った石川迪夫さんらの『原子炉解体』という本によれば、ロボットで原子炉の解体作業を自動的に行うシステムを工夫したことで、作業員の被曝は定期点検一回分にも満たない水準に抑えられたとのことです。[※39] ドイツで原発解体を行っているEWN社も、原子炉の解体にはロボットを用いて作業員の被曝を減らす工夫をしていると報じられています。日本で大型の原発の解体は、現在、東海第一原発と「ふげん」という所で進められていますので、検証が求められます。

比較的放射能濃度の高い解体廃棄物については、日本では青森県六ヶ所村の放射性廃棄物埋設センター付近に埋設処分すべく本格調査が行われましたが、建設は進められていません。ただ、この地域は活断層が多く不安定な地盤であることが指摘されており、安全性が確保される保障はありません。他

39　石川迪夫編著『原子炉解体―廃炉への道』講談社、2011年。

の地域に立地する見込みもありません。ですから、原発解体を行うとしても、当面は放射能に汚染された解体廃棄物を原発敷地内で保管することを余儀なくされる可能性もあります。ドイツでも現状は原発敷地内で保管しています。

　放射能に汚染された材料の流通は最も懸念される問題です。ドイツでも洗浄によって放射能レベルが十分に低いことが確認された材料は証明書つきで流通させられます。基準を満たし、十分に放射能レベルが低いとされた金属やコンクリートは問題のない材料として断りなく流通させられるそうです。そうなると、原発で用いられていた金属が流通し、それがフライパンやスプーンに再利用されることになるわけです。いくら専門家が科学的に安全と言っても、それを子どもたちの口に入れることに不安を覚える人は多いでしょう。台湾では放射能を帯びた金属がマンションの鉄骨に用いられてガンなどの健康被害が発生した事例があります。また、韓国では研究用原子力施設の廃材が住宅地の道路に埋められ、周辺で高い放射線が検知されて問題となりました。放射線源が人間の生活圏に入って被害を出した事件は世界中に数多くあります。

　こうした懸念が払拭できるなら原発解体は地元の雇用を支える重要な柱となりますが、懸念が解決しないようなら、恒久的に密閉管理をするにとどめ、原発地元は解体撤去作業以外の経済活性化と雇用維持の方法を追求せねばなりません。

天然ガス火力発電

　原発が閉鎖された場所には、高度な技術による大規模な変電・送電設備が残ります。それを活用すべく、新たに原発以外の大規模発電所を建てるという選択肢もあります。ただし、電力会社がこれを建設する場合には、原発と同様に売電収入のほとんどが本社のある大都会に流れてしまいますので、従業員報酬や固定資産税ぐらいしか地元への収入が見込めません。それに対し、地元に発電会社を設置できるならば、その電気を購入する全国の電力消費者から地元に対して大きな利益がもたらされます。

　新たな発電所の選択肢の筆頭は天然ガス火力発電所、とりわけガスコンバインド火力発電所です（図13）。ガスコンバインド火力発電所は、まずガス

図13　ガスコンバインド火力発電の概念図

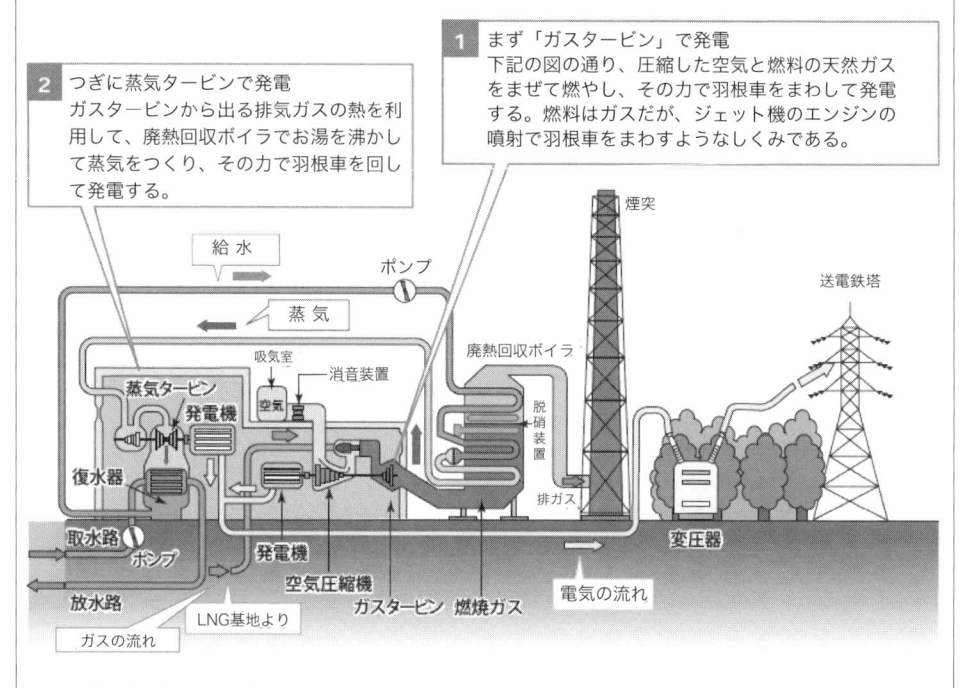

1 まず「ガスタービン」で発電
下記の図の通り、圧縮した空気と燃料の天然ガスをまぜて燃やし、その力で羽根車をまわして発電する。燃料はガスだが、ジェット機のエンジンの噴射で羽根車をまわすようなしくみである。

2 つぎに蒸気タービンで発電
ガスタービンから出る排気ガスの熱を利用して、廃熱回収ボイラでお湯を沸かして蒸気をつくり、その力で羽根車を回して発電する。

出典：東京都環境局『天然ガス発電所設置技術検討調査結果』（2012年3月）「第2章 ガスタービンコンバインドサイクル発電の概要」掲載の図より転載

タービン（ジェット機のエンジンのようなもの）で発電をし、そこから出てくる排気ガスの熱を用いて蒸気タービンを回して発電します。そうすることによって、燃料のエネルギーが効率よく利用できます。一般の火力発電の熱効率（生まれる電気のエネルギーと投入した燃料のエネルギーとの比率）は40％を超える程度ですが、ガスコンバインド火力発電の場合は50％以上、高性能のものは60％を大幅に上回る高効率のものもあります。

また、ガスは石炭や石油と比べて燃焼時のCO_2排出量が少ない化石燃料であり、煙突から排出されるガスもクリーンです。昨今のアメリカの「シェールガス革命」によって、燃料価格も低下する見込みです。日本の国内や周辺にも天然ガス資源は大量に存在します。

ガスコンバインド火力発電所は大規模化が可能であり、建設費が比較的安く、建設期間が短いのが特徴です。東日本大震災の後、東京都では域内での発電を進めるために、ガス火力発電事業に関する詳細な検討を行ってきま

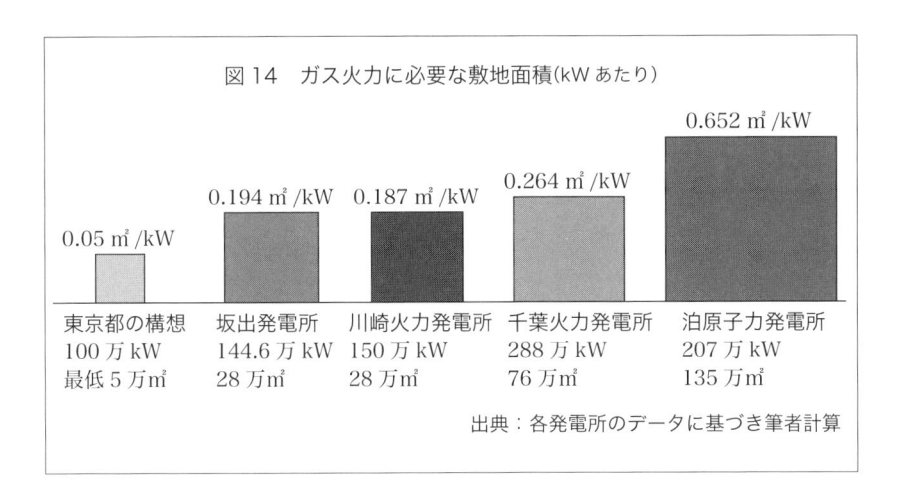

図14 ガス火力に必要な敷地面積(kWあたり)

東京都の構想	坂出発電所	川崎火力発電所	千葉火力発電所	泊原子力発電所
0.05 ㎡/kW	0.194 ㎡/kW	0.187 ㎡/kW	0.264 ㎡/kW	0.652 ㎡/kW
100万kW 最低5万㎡	144.6万kW 28万㎡	150万kW 28万㎡	288万kW 76万㎡	207万kW 135万㎡

出典:各発電所のデータに基づき筆者計算

した。2012年5月17日に公表された検討結果によれば、5カ所の検討対象地のうち3カ所で、100万kWの発電設備を想定した建設期間・建設費・維持管理費の試算結果が示されています。建設期間(公募開始から運転開始まで)は5年10カ月〜7年10カ月(ただし、公募前に環境影響評価等が必要です)、建設費は1251〜1600億円、維持管理費(燃料費・人件費を含む)は年間345〜350億円とのことです。20年のプロジェクト期間で採算性が見込める売電単価は12.8〜14.1円/kWh程度となります。そのうち、燃料費が6割程度を占めます。年間運転時間は4000時間、人員体制は24人とされています。

ところで、東京都の検討結果では建設期間は5〜7年と示されましたが、私は長すぎる印象を受けます。別の情報源によれば、すでに東日本大震災後に膨大なガス火力発電設備が東京電力管内で増設されているためです。広瀬隆さんの本によれば、東京電力に対しては東日本大震災後の電力を支障なくまかなうために「環境アセスなしの特例」が実施され、福島原発事故後の1年間で計170万kWもの火力発電所の増設がなされました。さらに東京電力は「日本はもとより世界各国から集めた緊急設置電源を新設しました」として、2011年8月からの1年間で火力を474万kW(4166万kW→4640万kW)も増やし、2012年の夏に備えていたのです。[※40] 手続きさえ簡略化さ

---

40 広瀬隆『原発ゼロ社会へ!新エネルギー論』(集英社新書、2012)、p.64参照。なお、同様の「環境アセスなしの特例」を東京電力以外の電力会社にも認めるよう有志議員が働きかけをしましたが、当時の野田政権はこの要請を受け入れず、大飯原発再稼動に踏み切りました。

表 16　東京都による天然ガス発電所設置技術検討調査結果（100万kWの場合）

	中央防波堤外側埋立地	砂町水再生センター用地1	葛西水再生センター用地
建設期間	7年10カ月	6年10カ月	5年10カ月
建設費	1600億円	1257億円	1251億円
維持管理費	345億円/年	350億円/年	350億円/年
採算性が見込める売電単価			
東京電力への売電	13.73円/kWh	12.90円/kWh	12.82円/kWh
新電力への売電	14.06円/kWh	13.17円/kWh	13.09円/kWh

出典：東京都「天然ガス発電所設置技術検討調査結果の概要」、東京都「天然ガス発電所設置に関する事業スキーム・採算性検討調査結果の概要」（いずれも2012年5月17日）より作成

れれば、それほどまでに早急にガス火力発電所の建設は可能だということです。

　また、ガスコンバインド火力発電には広大な敷地が必要ではありません。前ページの図14はkWあたりの敷地面積を比較したものですが、原発よりもはるかに小さな面積で建設が可能です。廃止措置に入った原発の炉心付近を封じ込めてしまえば、解体作業中であっても、それ以外の放射能に汚染されていない場所を用いてすぐにでも発電が可能になるでしょう。

　原発地元の人々は、もしこの技術に可能性を見いだせた場合には、検討を急いだ方がよいかもしれません。さもないと、他の地域にどんどん立地されてしまうおそれがあるからです。泊原発のある北海道では、原発震災後の2011年10月に、北海道電力が160万kWものLNGコンバインド火力発電所を、泊原発の地元ではなく小樽市（石狩湾新港西地区）に建設すると発表しました。ここでは北海道ガス社がLNG輸入基地を建設中です。総工費3000億円超とも言われ、2015年に工事に入り、2018年には運転開始の見込みです。

　他方、東京都は検討結果を受けて2013年1月に公表した「アクションプログラム」の中で、福島や新潟の原発に依存していた状態から脱却するため、100万kW級のガス火力発電所を都内に建設することを打ち出しました。これは逆に見れば、東京で電力が充足して、福島や新潟で生み出された電気が売れにくくなる方向に向かうことを意味します。

　原発地元が脱原発後にガス火力発電所を建てても、その需要がなければ意味がありません。ドイツの場合のように地元に産業を立地させて、電気の地産地消ができるように、大きな構想を描く中で、ガス火力という選択肢も活きてくると考えられます。

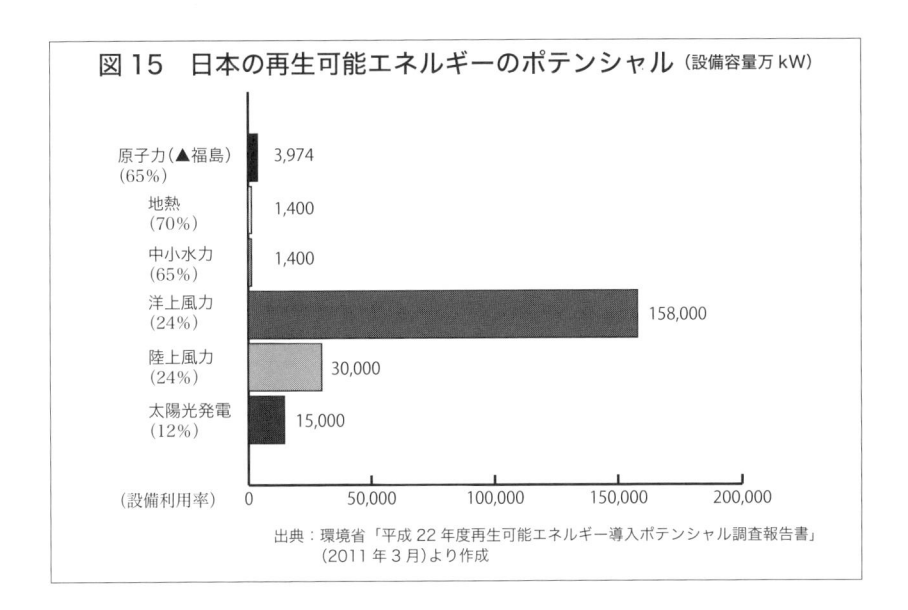

図15 日本の再生可能エネルギーのポテンシャル（設備容量万kW）

種別（設備利用率）	容量
原子力（▲福島）(65%)	3,974
地熱 (70%)	1,400
中小水力 (65%)	1,400
洋上風力 (24%)	158,000
陸上風力 (24%)	30,000
太陽光発電 (12%)	15,000

出典：環境省「平成22年度再生可能エネルギー導入ポテンシャル調査報告書」（2011年3月）より作成

再生可能エネルギーの可能性

ドイツでは脱原発後の雇用の3つめの柱は再生可能エネルギーでした。日本ではその可能性はどの程度あるのでしょうか？

地球上には毎年、全人類が消費する量の1万倍規模のエネルギーが太陽から降り注いでいます。それを利用する技術が成熟し、近年、世界中で急速に普及してきました。ドイツではすでに、2012年の発電電力量の25％が再生可能エネルギーによるものです。2000年以降の、いわゆる非化石電源の発電設備容量の増分は、原子力では600万kWに過ぎませんが、風力は2億2100万kW、太陽は6600万kWにも達しています[※41]。同じ設備容量で年間に発電できる電力の比率を、おおまかに原子力：風力：太陽＝6：3：1と置いたとしても、2010年以降に増加した発電所で発電可能な量は、原子力：風力：太陽＝6：74：11となり、原子力の伸びが最も小さいことがわかります。

日本国内でも、再生可能エネルギーのポテンシャル（地理的・制度的制約を考慮した潜在量）は、現在の原発設備容量に比べてはるかに多いことが知られています（図15）。事故を起こした福島第一原発の設備容量を除き、日

---

41 Schneider, Froggatt and Hazemann (2012) *World Nuclear Industry Status Report 2012*, A Mycle Schneider Consulting Project, Paris, London, July 2012.

表17 再生可能エネルギー特別措置法の買い取り価格

分　野	価　格（円/kWh）
太陽光	42
風力	23.1
小型風力	57.75
地熱	27.3〜42
中規模水力	25.2
小水力	30.45〜35.7
バイオマス	13.65〜40.95

出典：資源エネルギー庁HP「なっとく！再生可能エネルギー」

本には3974万kWの原発設備容量があります。それに比べて、環境省の調査によれば地熱は1400万kW、小水力も1400万kW程度で、かなりのポテンシャルがあります。それに比べても、太陽光発電のポテンシャルは1.5億kWと桁違いで、さらに陸上風力は3億kW、洋上風力は15.8億kWと推定されています。設備利用率の違いを想定してもかなりの発電量が期待できます。これを活用していけば、日本はかなりの程度、エネルギー資源を自給できるようになるでしょう。

再生可能エネルギー特別措置法

日本にはこれほどの再生可能エネルギー資源が存在しており、ドイツの人々もうらやむほどです。しかし、その利用はほとんど進みませんでした。普及を促進するという名目で、いわゆるRPS制度が2001年に創設され[※42]、電力会社に発電電力量の1.65％の再生可能エネルギーを利用するよう義務づけが行われていましたが、実際にはこの制度が風力や太陽光などの普及をかえって妨げる結果になっていました。また、発電設備の設置に補助金が与えられることもありましたが、政府が出せる補助金の総額は限られるため大幅な普及は期待できませんでした。

しかし、福島事故後の2011年夏に菅直人首相（当時）のもとで再生可能エネルギー特別措置法（固定価格買取制度、Feed-in TariffまたはFIT制度とも

42　根拠法は「電気事業者による新エネルギー等の利用に関する特別措置法」。電気事業者に対して、毎年その販売電力量の一定割合以上を、新エネルギー等（再生可能エネルギーや廃棄物発電）由来の電力とするよう義務づけた制度です。しかし義務量が販売電力量のわずか1.65％に抑えられました。しかも制度上は再生可能エネルギーの種類・規模を問わず同じ価格で競争し、その買い取り価格は不確実だったため、太陽光発電や風力発電の普及を妨げる結果となりました。

表18 2012年度における再生可能エネルギー発電設備の導入状況（11月末時点）

	2011年度末時点における累積導入量 (kW)	2012年4月〜11月末までに運転開始した設備容量（速報値）(kW)	2012年度末までの導入予測 (kW)	(参考) 11月末までに認定を受けた設備容量 (kW)
太陽光（住宅）	約400万	102.7万 (4月〜6月30.0万)	約150万	72.7万 (前月比＋14.1万)
太陽光（非住宅）	約80万	37.1万 (4月〜6月0.2万)	約50万	253.5万 (前月比＋90.8万)
風力	約250万	1.4万 (4月〜6月0万)	約38万	34.3万 (前月比＋0.7万)
中小水力 (1000kw以上)	約935万	0.1万 (4月〜6月0.1万)	約2万	0万
中小水力 (1000kw未満)	約20万	0.2万 (4月〜6月0.1万)	約1万	0.2万 (前月比＋0万)
バイオマス	約210万	2.8万 (4〜6月0.6万)	約9万	4.0万 (前月比＋3.4万)
地熱	約50万	0万	0万	0.1万 (前月比＋0.1万)
合計	約1945万	144.3万	約250万	364.8万

出典：資源エネルギー庁資料（2012年12月14日）より作成

言う）が成立し、2012年の7月から実施されました。この制度はドイツで考案され、再生可能エネルギーの爆発的普及の起爆剤になったものです。

この制度の下で電力会社は、再生可能エネルギーによって生産された電力をすべて送配電網に受け入れ、一定期間（設備の種類、規模により10年、15年、20年）にわたって政府が定めた固定価格（表17）に基づいて買い上げることを義務づけられています。その代わり、高価な電気を大量に買い取ることによって電力会社が負担を被りますので、買い取りに必要となった費用を「賦課金（サーチャージ）」の名目で電気料金に上乗せし、電力の消費者から回収することが認められています。2012年度（2012年8月〜13年3月）の賦課金は0.22円/kWhで全国的に統一されています。さらに、当面は従来の制度による太陽光発電促進賦課金が、地域によって異なりますが、0.03〜0.15円/kWhだけ上乗せされます。

この制度は再生可能エネルギー設備の設置を支援するものですが、政府の財源は用いないので、「補助金のようで補助金でない制度」と言えます。また、性能がよくたくさんの電気を生みだす設備を安く販売できる業者ほど有利になるので、設備メーカー間の技術競争や価格競争を促進することにもなります。

買い取り価格は政府が定期的に見直します。設備の市場価格の低下を確認して、新規設備の買い取り価格を引き下げるのです。これは、設置者が儲けすぎないように、電力消費者の負担が大きくなりすぎないようにするために、

当然の仕組みです。ただし、すでに設置された設備の買い取り価格が後になって引き下げられることはありません。

この制度によって、天候や気象に左右される再生可能エネルギーであっても、装置が壊れずに電気を生み出し続ける限りは確実に採算が取れるようになります。しかも、買い取り価格が定期的に引き下げられるので、早めに設置に踏み切った人が有利になります。これは、民間の資金を動員して再生可能エネルギーへの投資を促す制度と言え、不況期の「有効需要」の創出にも役立つものです。

まだ制度が実施されて間もないのですが、普及の成果は目覚ましいものがあります（表18）。2012年11月までに新規認定済みとなった設備は364.8万kW、運転開始した設備は144.3万kWであり、2012年度末までに約250万kWが完成することが予測されています。認定設備容量の目標は2012年度末までに219万kWでしたから、すでにこれを大幅に超過達成していることがわかります。

買い取り価格が十分に高い場合には、目標を大幅に超えて達成することがあるのがこの制度の特徴です。例えば、ドイツの再生可能エネルギー導入目標は、2010年に発電電力量の12％とするものでした。一方で、2000年の「再生可能エネルギー法（EEG）」によって固定価格買取制度が大幅に強化されました（図16）。この制度の成功によって早くも2007年に目標を達成、2010年には17.1％となり、脱原発政策確定後の2012年上半期は25％の電気が再生可能エネルギーによって供給されました。ドイツの環境省によれば2011年には再生可能エネルギー産業の雇用はドイツ全土で38万人に達しているということです。

日本の制度がどの程度うまく機能するかはわかりませんが、制度の見直しを進め、ドイツ並みの普及を実現することができれば、全国あちこちで新たな生産拠点が立ち上がり、国内でも大きな雇用を生み出すことができる可能性があります。

ただし、再生可能エネルギーは地域によって特性が違います。北海道や東北地方、西日本の日本海沿岸などは風力エネルギーが豊富ですが、日照条件がよく太陽エネルギーに適した地域もあるでしょう。地熱やバイオマスに適

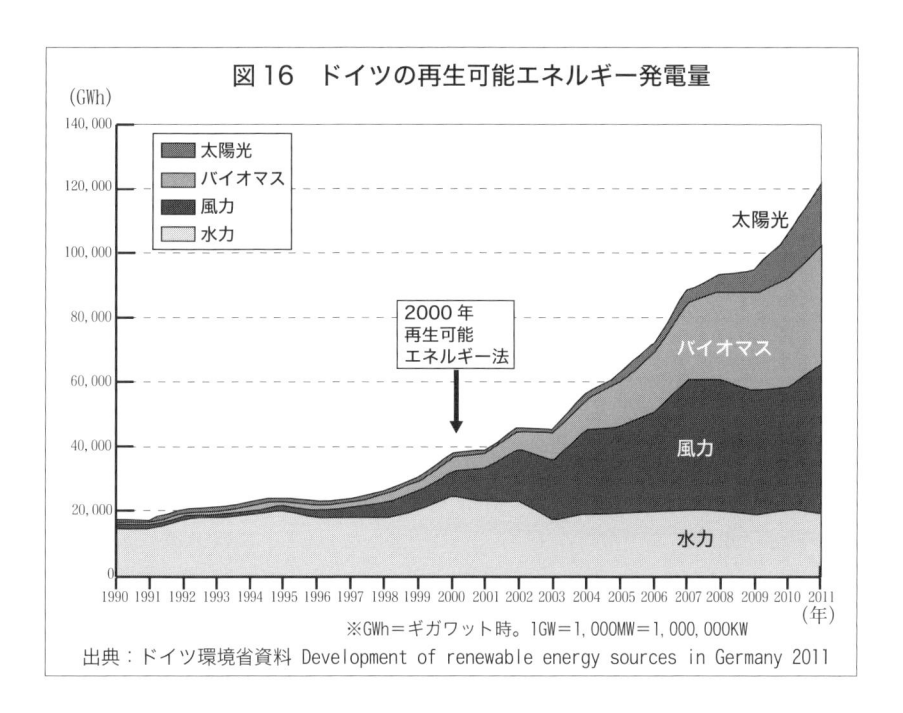

図16 ドイツの再生可能エネルギー発電量

（凡例：太陽光／バイオマス／風力／水力）

2000年再生可能エネルギー法

※GWh＝ギガワット時。1GW＝1,000MW＝1,000,000KW

出典：ドイツ環境省資料 Development of renewable energy sources in Germany 2011

した地域もあるはずです。あるいは、いずれのエネルギーも豊富ではありませんが、設備の生産拠点に適した地域もあるかもしれません。これは、各地域で具体的な検討が求められることがらです。[※43]

福島県再生可能エネルギー推進ビジョン

国内で再生可能エネルギー普及に向けた検討が最も進んでいる原発地元は福島県でしょう。東日本大震災に伴う福島第一原発事故を契機に、原発からの脱却と「再生可能エネルギーの飛躍的な推進による新たな社会づくり」を打ち出したことは、よく知られています。[※44]しかし、再生可能エネルギーの普及のための取り組みは震災以前から進められており、すでに2006年の9月には福島県新エネルギー導入推進連絡会の提言書が出されていました。

---

43 再生可能エネルギー特別措置法については、資源エネルギー庁のHP「なっとく！再生可能エネルギー」（http://www.enecho.meti.go.jp/saiene/kaitori/kakaku.html）がわかりやすく、また地方ごとの再生可能エネルギーの潜在量については環境省の「平成22年度再生可能エネルギー導入ポテンシャル調査報告書」（2011年3月）が参考になります。
44 「福島県再生可能エネルギー推進ビジョン（改訂版）」（2012年3月）参照。

震災後は、震災・原子力災害からの復旧・復興は福島県にとって最重要かつ最優先の課題であり、「再生可能エネルギーの飛躍的な推進」はそれに向けた主要施策と位置づけられています。

　2011年6月25日、中央政府の東日本大震災復興構想会議の「復興への提言─悲惨の中の希望─」の中で、「復興にあたって、原子力災害で失われた雇用を創出するため、再生可能エネルギーの関連産業の振興は重要である。福島県に再生可能エネルギーに関わる開かれた研究拠点を設けるとともに、再生可能エネルギー関連産業の集積を支援することで、福島を再生可能エネルギーの先駆けの地とすべきである」と示されました。

　また、2011年7月29日には、中央政府の東日本大震災復興対策本部の「東日本大震災からの復興の基本方針」の中で、「再生可能エネルギーに関わる開かれた世界最先端の研究拠点の福島県における整備、再生可能エネルギー関連の産業集積を促進する」と示されました。

　それを受ける形で福島県は、2011年8月11日に「福島県復興ビジョン」を策定しました。その中では「原子力に依存しない、安全・安心で持続的に発展可能な社会づくり」が基本理念の一つに掲げられ、「再生可能エネルギーの飛躍的推進による新たな社会づくり」を復興に向けた主要施策の一つと位置づけ、次のような施策を進めていくことが明記されました。

　◎各家庭、企業・団体への再生可能エネルギー普及
　◎化石燃料による発電における低炭素化のための取組の促進
　◎スマートグリッドなど、エネルギーの地産地消による持続可能な地域モデルの構築
　……など。

　同年11月30日、福島県はさらに踏み込んで、原子力に頼らない社会を目指すため、県内の原子炉全基の廃止を国及び原子力発電事業者に求めていくことを表明しました。12月28日に発表された「福島県復興計画（第一次）」では、「再生可能エネルギー推進プロジェクト」が復興へ向けた重点プロジェクトの一つに位置づけられました。

　「再生可能エネルギー推進プロジェクト」の内容は、次のとおりです。

1. 太陽光、風力、地熱、水力、バイオマスなど再生可能エネルギーの導入拡大
2. 再生可能エネルギーに係る最先端技術開発などを実施する研究開発拠点の整備
3. 再生可能エネルギー関連産業の集積・育成
4. スマートコミュニティ等による再生可能エネルギーの地産地消の推進

　これをさらに、県民の意見を受けて改訂したものが、2012年3月30日に発表された「福島県再生可能エネルギー推進ビジョン（改訂版）」です（以下「ビジョン」）。ここでは政策目的として、「県民が主役となり、県内で資金が循環し、地域に利益が還元される仕組みを構築するとともに、エネルギーの地産地消を推進すること」、「浮体式洋上風力発電の実証研究等の世界に先駆けるプロジェクトを契機とした関連産業企業の誘致、県内における新規産業の育成や既存産業の再構築、雇用の創出」が明記されています。すでに世界的に確立した技術の普及を進めるだけでなく、未開拓の浮体式洋上風力発電の先進地になろうという心意気が感じられます。

　福島県内には様々な再生可能エネルギーの資源が存在します。そして、不幸な原発震災の後に制定された再生可能エネルギー特別措置法は、再生可能エネルギーの普及を梃子とした復興計画を後押しする重要な政策と評価されています。

　中央政府からの復興資金のうち、2011年度の第三次補正予算で再生可能エネルギー推進に関連する事業は、次ページの表19の通りです。これは福島県だけに与えられるものではありませんが、その数分の一でもかなりの規模の資金となります。

表19　2011年度の第三次補正予算における再生可能エネルギー関連事業

- 再生可能エネルギー発電設備等導入支援復興対策事業費補助金（経済産業省）被災県で326億円
- 住宅用太陽光発電高度普及促進復興対策基金造成事業費補助金（経済産業省）被災県で323.9億円
- スマートコミュニティ導入促進等事業費補助金（経済産業省）被災県で80.6億円
- スマートエネルギーシステム導入促進等事業費補助金（経済産業省）被災県で43.5億円
- 浮体式洋上ウィンドファーム実証研究事業委託費（経済産業省）125億円
- 再生可能エネルギー研究開発拠点整備事業（経済産業省）50億円
- 再生可能エネルギー導入及び震災がれき処理促進地方公共団体緊急支援基金事業（地域グリーンニューディール基金の拡充）のうち再生可能エネルギー導入促進勘定（環境省）被災地等で840億円
- その他、工業団地の整備や企業立地補助金の強化 など

「ビジョン」によれば、福島県内で利用可能な再生可能エネルギーの賦存量・可採量（ポテンシャルに似た概念）は表20のように評価されています。2009年度の福島県の一次エネルギー需要はおよそ900万kl程度でしたが、そのほとんどをまかなえるだけの再生可能エネルギーが存在することがわかります。

2009年度実績ですでに、福島県のエネルギーの20％が再生可能エネルギーでまかなわれていますが、「これは、エネルギー供給に関する長い歴史の中で、只見川流域をはじめとする水力発電所の立地が進んだ本県の特長といえる」と論じられています。今後は、2020年度には県内の一次エネルギー供給の40.2％、2030年には63.7％、2040年には100％を再生可能エネルギーでまかなうことを目指しています。

こうした野心的な目標も、かけ声だけで実現できるものではありませんが、「ビジョン」には具体的な施策もリストアップされています。

第一に、「再生可能エネルギーの導入推進のための基盤づくり」のために、

表20　福島県における再生可能エネルギーの賦存量・可採量＊

種別	賦存量＊＊　（万kl）				可採量＊＊＊〈上段：万kl/年、下段（　）：万kW（設備容量）〉			
	県計	会津	中通り	浜通り	県計	会津	中通り	浜通り
太陽光発電	444,715	160,369	181,547	102,799	125 (592)	21 (104)	74 (348)	30 (140)
太陽熱利用					23	3	13	7
風力発電	3,424	820	601	2,003	611 (1,225)	155 (389)	114 (285)	342 (550)
水力発電	25	14	8	4	23 (26)	13 (15)	7 (8)	3 (3)
地熱発電	51	39	12	0	42 (30)	32 (23)	10 (7)	0 (0)
バイオマス発電	52	11	28	13	17	4	9	4
バイオマス熱利用					45	10	21	11
温度差熱利用	—				13	4	6	3
雪氷熱利用	6,705	5,794	911	0	16	8	8	0

＊本表は、一次エネルギー供給換算で表しています。また、端数処理の関係で合計値が合わない場合があります。
＊＊太陽光・風力・雪氷熱の賦存量については、地表に降り注ぐ太陽からのエネルギー・県内に吹く風・県内に積もる雪の全てをエネルギー源として算出していますので、極めて大きな値となっています。
＊＊＊バイオマスの可採量については、発電利用の場合とに分けて算出しています。
出典：「福島県再生可能エネルギー推進ビジョン（改訂版）」2012年3月、p.26

①「再生可能エネルギーを地域のオーナーシップ（所有）とするための仕組みづくり」（再生可能エネルギーの導入に、地域が主体となり、事業の利益を含めて地域で資金が循環する仕組みを構築し、地域の活性化を図る）、②「再生可能エネルギーの導入を担うプレイヤーとなる人材・組織づくり」（具体の導入事業において中心となる人材を育成するとともに、関連する情報や導入に関するノウハウなどを蓄積し、機動的に事業化を支援する組織の整備を図ります）、③「導入を促す各種支援策の実施」（一般の県民から地域の団体、企業まで、様々な主体による取り組みの促進を図ります）、④「導入の支障となる法規制等の緩和」（再生可能エネルギーの導入を円滑に進めるため、法規制の緩和に向けた取り組みなど社会的環境の整備を図ります）、⑤「技術的課題等への対応」（技術的課題の解決に向けて取り組みます）として、特にオーナーシップと人作りを重視した、具体的な政策のあり方を打ち出しています。

第二に、「再生可能エネルギー関連産業集積のための基盤づくり」として、再生可能エネルギー関連産業を集積し、県民の雇用が創出されるよう、①企業立地に係る支援、②県内外の企業のマッチング機能の強化、③太陽光発電関連産業の創出、④洋上ウィンドファームの実現及び関連産業の集積、⑤再生可能エネルギー研究開発拠点によるエネルギー新技術の開発、⑥スマート

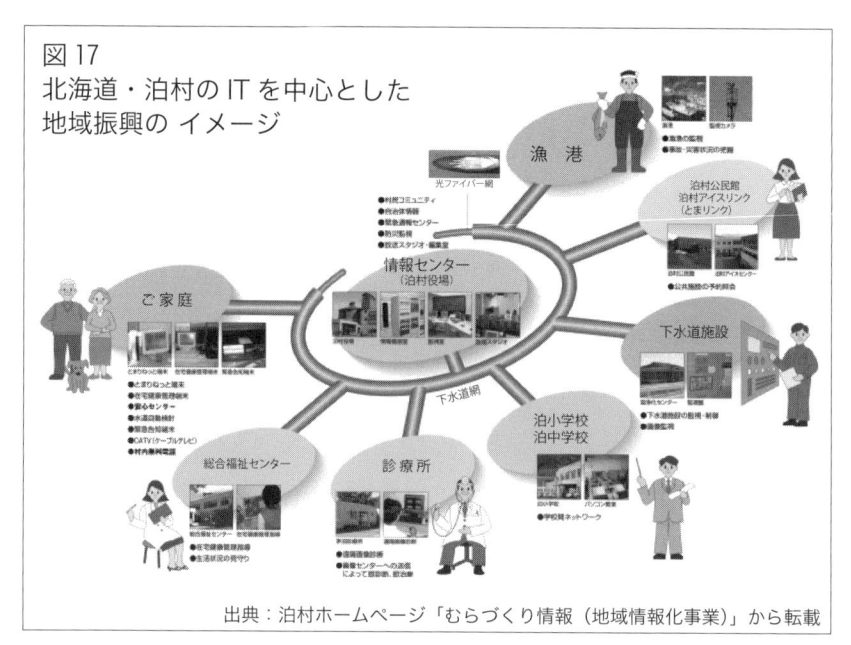

図17
北海道・泊村のITを中心とした
地域振興のイメージ

出典：泊村ホームページ「むらづくり情報（地域情報化事業）」から転載

コミュニティの構築、⑦再生可能エネルギー等の研究開発に対する支援、⑧再生可能エネルギー関連産業集積推進協議会などの実施を掲げています。

　福島第一原発の事故により、周辺のかなりの地域が放射性物質の汚染を被り、困難な状況が続く福島県ですが、再生可能エネルギーの産業化が復興の足がかりになるよう、県内皆さまのご努力が一日も早く報われることを願ってやみません。

泊村の気概

　北海道の泊原発の隣接町である岩内町に招かれて講演することになった時、私は地元のエネルギー政策や地域政策について勉強するために、泊村などのホームページで資料を集めました。そこで見つけた「第4次泊村総合計画」には、次のように記されていました。

　「村の基幹産業である水産業、商工業や観光の産業連携により地域経済の活性化を図り、原子力発電所の立地に伴う交付金等の財源に頼らない村づくりを進めます。そのために村のイメージを高めることに加え、水産物の加工場の整備やインターネットを活用したPRと販路拡大を充実させ、地域ブランドの創出を行います」、「また、CO_2を排出しない原子力発電所を有する泊

村として、新エネルギーや自然エネルギーを活用した産業を創出することにより、低炭素社会に貢献したCO_2排出の少ない環境先進村を目指します。これにより、新たな雇用が創出されるとともに、村外からの交流も生まれます」。

泊村は比較的新しい原発が立地しており、全国的に見ても突出して原発マネーに大きく依存している自治体です。それでも、この文書を額面通りに受け止めるならば、ここでも原発の交付金に頼らない村づくりのため、新エネルギーや自然エネルギーを活用した産業を創出しようとしているのです。この村には原発マネーで整備された充実した情報通信技術（IT）のインフラがあります（図17）。いつか必ず原発から卒業すべき日が来るということをはっきり認識できるならば、これらのインフラを強みとした村づくりが可能となるように思います。

美浜町「どんぐり倶楽部」の提案

原発銀座と呼ばれる若狭湾・美浜町には、日本でも最も古い原発の一つである美浜原発があります。この地で「森と暮らすどんぐり倶楽部」という施設を営む松下照幸さんが2012年、美浜町に対して脱原発後の経済ビジョンを提案されました[45]。松下さんは1980年代から美浜町で孤独な反対運動を担い、チェルノブイリ原発事故をきっかけに出馬を決意し、町議をつとめられた経験があります。その松下さんが、美浜町が将来、原発なしでやっていくためには、原発の廃止措置に伴う雇用と再生可能エネルギーを中心とする建設的な代案が必要と考え、環境エネルギー政策研究所（ISEP）の飯田哲也さんたちのアドバイスを受けて、脱原発後の地元経済づくりの具体案をまとめられました。

松下さんの文書の中には、原発のない社会へのソフトランディングのための構想の他に、「私は、美浜町で長い間原子力発電所を批判してきた者として、都市部の人たちの運動とのギャップを常に感じてきました。都市部の多くの人たちは、『危険な原発は止めればよい』という思いなのでしょうが、

45　松下照幸「政策提案プロセスと美浜町の〈合意形成〉に関する提案—美浜町を自然エネルギーであふれる町に！—」（森と暮らすどんぐり倶楽部、2012年9月23日、http://www1.kl.mmnet-ai.ne.jp/~donguri-club）。

私にはそうはいきません。原子力発電所で働いている人たちの生活があります。自治体の財政問題もあります。それらを解決しようとせずにただ『止めればよい』と言うのであれば、私は都市部の人たちに反旗を翻さざるを得ません」との心情が率直に吐露されています。私はこの言葉を、改めて重く受け止めています。

　松下さんの提案は、再生可能エネルギー特別措置法を活用した自然エネルギー産業の立地と雇用の確保と、ドイツ、デンマーク、スウェーデン等のEUの自然エネルギー先進国の地方都市との交流を唱えるものです。特に、自然エネルギーをこれまで原発関連の作業を担ってきた下請け企業と共に進めていこうというものです。特にこの最後の点は、原発地元に身を置いてきた人でなければ言えないことでしょう。

　それ以外の提案は、「美浜町を一級の観光地に」、「農林漁業の活性化」、「自然エネルギーの特区構想」、そして「原子力発電所のソフトランディング」です。それぞれについてここで詳しく説明することはできませんが、最後の点が松下さんの提案の非常に重要な部分です。なぜなら、原発地元の外の人々には無い視点がそこにあるためです。「都市部の人たちの運動に欠けていると感じるものは、原発を止めることに一生懸命だけれど、具体的に『原発をどのように廃止していくか』の議論がほとんどないことです。(中略)原子力発電所の運転を止めたいと考えるのなら、『使用済み燃料を、どのような方法で、いつまで、どこに保管するか』の議論を避けて通ることはできません」と厳しく指摘されています。

　松下さんによれば、立地市町も福井県も使用済み核燃料を福井県外へ搬出するよう求めていますが、現実として受け入れ先は存在しません。そうすると、いつまでも使用済み核燃料が原子炉建屋のプールで保管されることになります。苦渋の策として松下さんは、厳しい条件を課して、町長に「美浜町に新たに原発を作らず、3基とも廃炉にする」ことと「美浜原発で生み出した使用済み燃料のみを美浜町で保管する」よう提案しておられます。美浜町での保管は全国的な脱原発が前提となります。

　それに関して「民主的手続きを踏まえた対応」を確保するとともに、国に対しても現状の電源三法を廃止し、電源三法によって作られた維持費のかか

る箱物の清算を支援し、脱原発に向けて原発閉鎖を決断した立地地域に再生可能エネルギー普及予算を優先的に配分するよう求めています。さらに、危険な使用済み核燃料の保管継続に対するペナルティとして「使用済み燃料保管特別税」を課すのも一案だとしています。これは、使用済み核燃料を有用資源と見なして課税する一部自治体の課税とは一線を画するものだということです。

原発解体作業に関しては、「放射能に汚染された危険区域は立ち入り禁止にして、20年程度密閉して誘導放射能の減衰を待ち、放射能に汚染されていないところの作業に限定して解体処分を進めるべきです」、「定期検査などの請負形態は、何層にもなっておりました、(中略)廃炉作業ではその多重構造を取っ払う必要があります。直請け会社と美浜町の会社が作業を請け負うべきです」と論じておられます。

以下はこの困難な問題に関する私の見解です。本来、放射性廃棄物を受け入れるべき地域は電力を大量に消費してきた地域であって、東京都や政令指定都市が貯蔵の筆頭候補地となるべきでしょう。私は講演などでこのように発言しています。しかし現実的には、人口の多い地域は人口の多さをたのみにして危険物の受け入れを事実上拒否してきましたし、自分の地域に自ら進んで受け入れを表明するような政治家は政治的に無事ではいられないと考えられますので、今後もこの構造は簡単に壊れないでしょう。他方、青森県六ヶ所村には「核燃料サイクル計画」の現場として全国の原発から使用済み核燃料が運び込まれてきましたが、工場のトラブルで受け入れが止まっています。かといって、日本よりも経済状態の恵まれないロシアやモンゴルなどの国に放射性廃棄物を送り出すこともまた倫理的に許されないことです。

原発地元の方々には誠に申し訳ありませんが、当面は使用済み核燃料は現在ある場所から動かさないということを原則として、高台での乾式貯蔵など、より安全に貯蔵する技術を速やかに実施していくのが現実的な政策と言わざるを得ません。その前提として、使用済み核燃料を再処理してプルトニウムを利用する核燃料サイクル事業を即時に放棄すること、脱原発の工程表を速やかに決め、放射性廃棄物の総量を早急に確定させることが必要だと考えます。

地元を置き去りにした脱原発はありえない

　多くの政治家も脱原発のために動き出しています。音楽家の坂本龍一さんや作家の大江健三郎さん ら 22 人の著名人が代表世話人となった「脱原発法制定全国ネットワーク」の運動のひとつの成果として、2012 年 9 月 7 日、民主党・共産党を除く 100 人以上の超党派の議員によって「脱原発基本法案」が国会に提出されました。残念ながら国会が解散・総選挙に突入したため廃案になってしまい、この法案を提案してきた議員の方々の多くが残念ながら落選してしまいましたが、本書との関係で重要なのはそこではありません。

　脱原発基本法案の前文には「今後の我が国は、低炭素社会を目指すとともに経済の活力を維持することが不可欠である。省エネルギーを一層推進すること、再生可能エネルギー電気を普及させること、発電方式等を高効率化すること、エネルギーの地産地消を促進すること等と併せ、原発立地地域の経済雇用対策も重要である」（下線は筆者）と書かれています。基本理念を示した第三条の3には「脱原発を実現するに当たって生じる原子力発電所が立地している地域及びその周辺地域の経済への影響については、その発生が国の政策の転換に伴うものであることを踏まえ、適切な対策が講ぜられるものとする」、国の責務を定めた第四条には「国は、前条の基本理念にのっとり、脱原発を実現するに当たって原子力発電所が立地している地域及びその周辺地域における雇用状況の悪化等の問題が生じないよう、エネルギー産業における雇用機会の拡大のための措置を含め、十分な雇用対策を講ずる責務を有する」と書き込まれ、そして第八条では脱原発基本計画に定めるべき内容の七番目に「原子力発電所が立地している地域及びその周辺地域における雇用機会の創出及び地域経済の健全な発展に関する事項」と記されています。

　これは、原発が無くなる地域に対して、新たな雇用が生まれるような政策を打ち出すこと、そしてそれが実を結ぶまで財政的な措置を講ずることを、政府に求めるものです。この法案はいったん廃案となりましたが、議論の一つの出発点を提示したものと言えます。今後この国で、脱原発のための政策や法案が検討される際には、原発地元の経済や雇用が置き去りにされるようなことはないと、私は考えています。

自民党政権のエネルギー政策に待ったを

　その後、2012年末の総選挙で自民党が勝利し安倍晋三首相が誕生しました。彼らの原子力・エネルギー政策を観察すれば、「安全保障」のための原子力技術の維持、再処理・核燃料サイクル事業の復活、原子力規制委員会が専門的見地から安全性を否定した原発の容赦ない再稼働……こうした政策を進めていくのではないかという懸念を、私は覚えます。福島事故のあと、民主党政権下で曲がりなりにも世論の力を受けて「原発ゼロの実現」に向けた政策が作られていたものが、自民党政権によって大きく巻き戻されようとしています。

　自民党はもともと、1950年代から原子力発電を推進し、電力会社をその方向に誘導する一方で、電力会社の意向を受けて安全規制を緩め、原発立地のために経済的利益を分配する政策を進めていました。自民党内には電力会社出身の有力議員がおり、また党への個人献金の72％が電力会社幹部によるものであることが明らかになっています。

　彼らは福島事故から何ら教訓を得ていないのではないかと思われます。彼らの思い通りの政策が進められれば、日本国内の原発で、また、福島のような、あるいはそれを上回るような深刻な事故が起こることが懸念されます。こうした懸念を「杞憂」に終わらせるためにも、原発に依存しない未来を描いていくこと、その前提として原発地元が自立できる経済と財政のあり方を描くことが、早急に求められています。

おわりに

　本書を書くことになるきっかけは、原発再稼動にゆれる福井県おおい町で講演をしたことでした。福島で最もつらい思いをされている女性たちから、二度と同じ悲劇を起こしてはならないという悲痛な言葉を聞いて、改めて脱原発への思いを強くしました。一方、現地を訪れて、地元にとっては原発をなくした後のことを考えずに脱原発はあり得ないということもわかりました。
　それまで原発地元が脱原発をしたあと、どのように経済を営んでいけばよいのか、ということについて考えたことはほとんどありませんでした。それは、全国で脱原発とか再稼動反対といった声を挙げている方々の多くも同じかもしれません。ということは、逆の発想をすれば、まだまだいろいろなアイデアや考え方が、いろいろな方々の頭脳から生まれてくる可能性があるということです。もちろん、その最大の源泉は地元の方々の創造性です。
　私は本書で、地元の脱原発後の雇用のカギは原発解体、ガス火力発電、そして再生可能エネルギーの３つにあるのではないか、と提案しました。では、この３つだけで十分なのか、この３つがどの地域の原発地元にも同じように通用するのか、というと、答えは明らかにノーです。原発地元と一口に言っても、地理的にも経済的にも歴史的にも、原発地元は様々な特徴を持っているはずです。中核的な都市から離れた所もあれば、短時間で大都市とつながる場所もあるでしょう。グローバル市場に向けた新たな製造業の拠点となりえる地域もあるでしょうし、韓国やロシア、中国など近隣諸国との国際貿易に適した所もあるでしょう。また、農業・漁業資源に恵まれた地域は少なくないでしょうし、原発が無くなった後、豊かな文化と歴史に彩られた風向明媚な観光地として再評価される地域もきっとあるに違いありません。
　それを一番知っているのは、地元の方々だと私は考えています。無いものねだりをするのではなく、あるもの探しをする、そういう発想から足下の資源を「発掘」していくことが求められるでしょう。地元の資源のありかに気づく可能性が高いのは、地域のお年寄りや子どもたちかもしれませんし、原

発関係の仕事をしてきた高度な技術の担い手かもしれません。

　地元が原発に未来をゆだねていた時に見えなくなっていたものが、再評価される時期が来ているように思います。豊かな未来が開かれることを祈ります。

　2013 年 5 月

朴　勝　俊

朴　勝俊（ぱく・すんじゅん）

1974年大阪生まれ。関西学院大学総合政策学部准教授。専門は環境経済学、環境政策。神戸大学大学院経済学研究科修了後、2002年度から京都産業大学経済学部勤務、2010年度より現職。主著に『環境税制改革の「二重の配当」』（晃洋書房、2009年）、『鏡の中の自己認識：日本と韓国の歴史・文化・未来』（お茶の水書房、2012年、東郷和彦氏と共編著）、訳書にヘニッケ＆ザイフリート著『ネガワット――発想の転換から生まれる次世代エネルギー』（省エネルギーセンター、2001年）、その他論文等多数。

脱原発で地元経済は破綻しない

● 2013年7月20日────── 第1刷発行

著　者／朴　勝俊
発行所／株式会社　高 文 研
　　　　東京都千代田区猿楽町2-1-8　〒101-0064
　　　　TEL 03-3295-3415　振替 00160-6-18956
　　　　http://www.koubunken.co.jp
印刷・製本／精文堂印刷株式会社

★乱丁・落丁本は送料当社負担でお取り替えします。

ISBN978-4-87498-518-2　C0036